奥八女 矢部峡谷の棚田考

牛島頼三郎 著

梓書院

上梓に寄せて

　このたび、冊誌“村”に連載、好評、愛読多々の『奥八女　矢部峡谷の棚田考』が一活一巻に、出版社の懇篤な肝入りで上梓、心より感服、祝福申します。

　この上梓には、村郷の学校教師でありました牛島先生の、未来を創る愛すべき子弟への懇望、懇願、希求が秘められているのではないでしょうか。

　　老爺が語る棚田開墾
　　汗と涙の苦労噺
　　早苗から黄金波打つ稲穂まで
　　嗚呼、日本列島、瑞穂の国の子の棚田
　　“山は青きふるさと　水は清きふるさと”
　　朝夕、みなさま、ご飯をいただいて
　　おいででありましょう。
　　箸をとるまえ、三分、一秒でも
　　眼蓋に“棚田づくり”の景を
　　うかべていただければ―。

　さも、あらば、この一冊に秘められた棚田の稲穂のそよぎを読みとり、“こころの糧”として、三度のご飯をいただきたいものであります。

椎窓　たけし
（詩人、冊誌“村”発行者）

はじめに

　平成2年度、同3年度の2年間矢部中学校に勤務した。この時の矢部中学校の教育実践のテーマが、郷土愛を育む教育であった。過疎に悩む矢部村にとって、子どもたちに郷土を愛する心情を育むことは、最も大切な教育である。これは道徳教育の領域で取り組んだものであったから、郷土に対する知的理解を深めることも大切であるが、教科教育とは少々趣を異にし、心情（情意）面に訴える教育を重視するものであった。

　この郷土愛を育む教育の柱として、「浮立」を位置づけた。浮立とは古くから矢部村に伝承されてきた民俗芸能で、貴重な村の文化遺産である。全国的にも特異な芸能として、福岡県無形民俗文化財として指定されている。この芸能を浮立保存会の皆様に指導していただき、中学生全員が浮立を演じるのである。勿論浮立を演じるだけが郷土愛を育む教育のすべてではない。この「教育実践の柱・浮立」を支え、ふくらませる教材を郷土から発掘・同時並行し、実践していこうという教育構想であった。

　在職2年間の指導で、浮立を演じることはよくできたと思っている。しかし肝心の「浮立という芸能が生まれた起源は何か」ということまでは、転勤、退職が続いて深めることが出来ず、置き去りにした格好で中学校を去ることになってしまった。このことが退職してからも心残りで、この間諸事に紛れて30年近く経ってしまった。再び教育現場に帰ることはないにしても、教職最後の締めくくりとして心残りは解消しておきたい、といつも頭の隅に残っていた。

　もしかしたら子どもたちの前で話す機会があるかも知れないという思いもあって、いろいろな仕事から解放された今、遅ればせながら思い切って矢部の棚田の調査・研究に取り組むことにしたのであった。

矢部に浮立という民俗芸能が生まれた起源は何か、ということに気付かされたのは、退職後、星野村広内の棚田を度々目にするようになってからである。あの峻嶮な山肌に何百枚もの棚田群を初めて目にしたとき、本当に圧倒された。これほどまでして先人たちは稲作に取り組んでいたのかと、否応なく迫ってくるものを感じさせる。奥八女に育ち、小中学生の頃は先祖伝来の山田で稲作の体験はあったものの、棚田という概念はなかった。あの頃は棚田という言葉さえ聞いたことはなかった。だから棚田稲作ではなくて、山田稲作であったということになろうか。

　しかし思い返してみると、うちの田圃も僅か5〜6段の田圃ではあったが、確かに棚田に違いなかった。山田と言った場合と棚田と言った場合では、同じ水田でも、そこに投入される人間労働の実際を想定したとき、棚田という表現の方がより厳しい労働を感じさせる。耕して天に至る星野広内の棚田景観を観て、水田というものを棚田として観る、見方、考え方が新たに開けたように思う。古島敏雄氏の「棚田は農民労働の記念碑」という言葉に、改めて目を開かされた思いであった。

　矢部では、普通に歩いていては棚田を目にすることは出来ない。しかし、矢部にも棚田はあるはずだ、と思い軽トラを運転して、矢部の山中を行ける所は隈なく巡ってみた。杉林に囲まれてはいるが、ある、ある。点々と存在している。星野の棚田とその在り方が違うだけである。星野とは地形が違うから当然である。また棚田とは言いにくい、こんな所にまでとびっくりするような所に田圃がある。それもわずか1〜2枚の小さな田圃である。今流に言えば、労働に対する収穫量など度外視した水田造りとしか思われない田圃を至る所で見かける。祖先の人たちの、米に対する一途な思いを感じさせる。

　矢部の厳しい自然に立ち向かって棚田を切り拓き、稲作労働に汗した矢部の祖先の姿そのものは、星野広内の棚田の場合と変わりはないだろう。この棚田造成と稲作労働の厳しさを、祈りや感謝という形で表そうとしたのが浮立ではないか。浮立の起源は、矢部で生きることの厳しさ

から生まれた芸能ではないかということに思い至ったのである。

　しかし、浮立の演技そのものを見ていると、厳しさの中から生まれた浮立であるとは思うが、浮立の舞は厳しさの表現ばかりでなく、浮き立つような嬉しさ、楽しさの表現が随所に表されている。厳しさを乗り越えて、楽しく働こうという村人の強い思いの表れであろう。そこに逞しく生きようとする村人の姿を観ることが出来る。

　矢部の棚田調査に当たって、主題を「矢部の棚田」としていたが、自然環境の厳しさを表す表現にした方がよくはないかという矢部在住の詩人・椎窓猛氏の助言があって、「矢部峡谷の棚田考」と題した。

　この調査・研究では「いつごろ・誰たちによって・どのようにして」拓かれたかを各棚田ごとに追究してみたかったが、多くは確かな証拠をつかめないまま、推量に頼ったところがある。特に、矢部の古代史になると文書や遺跡などは無に等しく、歴史の空白さえ感じられたが、近隣町村の古代史を参考に推測した部分が多い。矢部の歴史で史実がはっきりしてくるのは南北朝時代以降である。

　この時代、矢部の地は南朝方の拠点となり、このことが戦国時代初期まで続く。これが矢部の土地開発、とりわけ棚田の開発に大きく影響している。従って南北朝時代の矢部について「南北朝争乱と矢部」の一項を起こし、その影響の概略を示してみた。

　また、この調査研究に取り掛かった動機が浮立にあったので、最後に「矢部峡谷の棚田稲作と農耕儀礼」として結びとした。

　棚田調査に取り掛かったのは平成28年であった。調査は全て単独踏査によったので主観的な見解にならざるを得なかったと思っている。またこれら一連の調査研究の結果は、一つの棚田のまとまりごとに、椎窓猛氏発行の文芸誌「村」に連載させてもらったものに修正、加筆したものである。

　椎窓猛氏は中学校在職時矢部村教育長を務めておられた。何かと中学

校教育に理解をいただいた。特に郷土愛を育む教育実践の柱に浮立を導入し、推進することが出来たのは椎窓教育長の支援・助言があったからで、ここに深く謝意を表したい。また棚田の調査には、棚田の地権者からの聴取、集落の方々や八女市役所矢部支所からの資料提供によるものであったが、これらご協力、ご助言をいただいた方々にありがたく感謝申し上げる。

　※本書で掲載している年齢は、取材当時のものである。

奥八女　矢部峡谷の棚田考 ＊ 目次

第1章　古代の森に生きた矢部の祖先

1　厳しい自然環境

　日本古代史の中で名高い磐井の乱（527年）は、九州の大豪族筑紫国造磐井がヤマト政権に対して抵抗を示した一大争乱であった。これは裏を返せば、磐井がヤマト政権に対抗できるだけの富と勢力を誇っていたことを示すものである。

　磐井のこの繁栄の源は一体どこにあったのであろうか。諸説ある中で、最も根源的なものは、磐井の里八女平野が稔り豊かな豊穣の地であったことによる。この八女平野はやがて条里水田が広がる古代穀倉地帯になり、大集落が形成されていく。以後この地は現在に至るも八女市として発展し続けているのである。

　八女平野をこうした稔り豊かな平野たらしめている大本は何かというと、それは矢部川にほかならない。矢部川は矢部村を水源地として有明海に注ぐ大河で、八女平野はもともとがこの矢部川の氾濫原（扇状地）であった。矢部川の清流と豊富な地下水に恵まれ、北九州に稲作が伝来して以来、いち早く水田稲作地帯に変貌していったところである。

　この八女平野よりはるか東方に目をやると、幾重にも重なり、青く霞んで見える山脈を望見することができる。この光景はまるで一巻の絵巻物のように美しい。この山脈を青垣山連峰という。その昔、景行天皇をして「其の山峰、岫重畳りて、且つ美麗しきこと甚だし……」と感嘆させたことを日本書紀は伝える。

　この青垣山連峰のほぼ中ほどに、おにぎりを3つくっつけて並べたような高峰が見える。向かって左端の一番高いおにぎりが石割岳（標高941.5m）で、右の2つくっついて見えるおにぎりが平野岳（標高約900m）である。この3つのおにぎり山のあたりが矢部村の西の端づれ

写真1　八女平野から東方を望む

にあたり、八女平野からおよそ45kmの距離になる。矢部村は石割岳、平野岳の東方に広がる村である。

　広がるという表現は如何にも広々とした平野を想像しがちであるが、そうではない。村は1,000m級の青垣山連峰によって、ほぼ円形にぐるっと一回り取り囲まれた形になっている。村を取り囲む連峰には、国土地理院の地形図にも山岳名のない△印だけの高峰もあるが、ちなみに平野岳を起点に右回りにぐるっと峰々をたどってみると次のようになる。

　平野岳（約900m）－　星原山（標高742m）－　文字岳（標高807.3m）－　休鹿山（標高865m）－　国見山（標高1,018m）－　三国山（標高993.8m）－　猿駈山（標高968m）－　△（標高956m）－　△（標高1,019m）－　△（標高1,150m）－　釈迦岳（標高1,230m）－　御前岳（標高1,209m）－　△（標高950m）－　△（標高875m）－　樅鶴官山（標高823m）－　高取山（標高720m）－　石割岳（標高941.5m）

そして元の平野岳に還る。この環状の連峰が他町村との境界をなしている。

　矢部村はこの環状の連峰を縁取りとした擂鉢状の地形の村である。環の直径が約10〜15kmのほぼ円形で、この連峰の峰々から矢部川に向かってなだれ落ちる山の斜面は急峻で、所々に丘陵状の緩傾斜の地が点在する程度の険しい地形となっている。この連峰に唯一切れ目があるとすれば、平野岳の麓の日向神峡で、矢部に降った雨水は一滴も余すことなく

矢部川に集められ、日向神峡から村外に流れ出ることになる。

　このように、地形的に厳しい自然環境にある矢部の森にも、古代から人々の暮らしがあったことは確かである。そしてそれは当然狩猟採集の生活であったろう。では古い時代の矢部の森はどのような植生の森であったろうか、矢部の祖先はこの森でどのように暮らしていたのであろうか。「矢部峡谷の棚田考」ではこのことから出発してみたいと思う。

2　古代の矢部の森は

　遠い昔、矢部の森がどのような植生の森であったかは、想像するよりほかに方法はないのである。しかし、根拠のない想像では意味をなさない。そこで、生物の生態に造詣の深い宝理信也氏が調査研究された結果を、矢部村誌に掲載されている文献をもとに古代の矢部の森の姿を描いてみた。

　宝理氏は、釈迦岳、御前岳付近にわずかに残る原生林に心惹かれ、矢部村蚪道に移住され、現在もなお矢部の動植物の生態について調査研究を続けられている方である。

　氏は1985～1990年までの5年間にわたって、矢部村のほぼ全域の植生調査を行われた。その結果に基づいて、人為が加わる前の植生を推定されたのである。その論拠は「現在矢部の森はほとんど杉の植林（人工林）になっているが、この人工林の下層に生育している植生を調べると、人工林になる前の植生をある程度推

写真2　ブナ

写真4　シオジ林

写真3　ツクシシャクナゲ

定することができる」という理論に基づいて推定されたものである（写真2〜6は宝理氏による）。

　人間の影響のない自然状態のものを自然植生（原生林）とし、人為の程度によって半自然植生、人為植生と3つに区分されているが、ここではできるだけ自然植生、即ち原生林に近い植生の森を再現してみたいと思っている。

　矢部には厳密な意味での自然植生は存在しないが、釈迦岳、御前岳の高峰部の尾根にはほとんど自然植生に近い状態の森が残っている。これは矢部の誇るべき財産のみならず、訪れる人々の大切な心の故郷として守るべき森林であると宝理氏は提言されている。

　標高900m以上の尾根筋には、冷温帯林を代表するブナ林が存在している。このブナ林帯にはブナ、ミズナラ、シラキ、コハウチワカエデ、アカガシ、ベニドウダン、コミネカエデ、シロモジ、タンナサワウツギ、ツクシシャクナゲ、その他の樹木が混生した林相を形成していた。釈迦岳、御前岳、三国山、国見山などの1,000m級の尾根筋はこのような樹木の森で、特に、秋の紅葉の景観は見事であったろう。

　ブナ林帯から高度が下がっていくと次第に樹木の植生も変わってい

く。この樹林帯はアカガシを主とした樹林帯で、アカガシ、ツバキ、シキミなど、また岩の多いところにはモミ、ツガ林が形成されていた。

かつてこのモミ、ツガの他にこの標高700〜900mの森林帯にはエゴノキ、アセビ、コハウチワカエデ、ヒメコマツ、コミネカエデ、マンサク、シロモジ、イヌツゲ、ヤブツバキなどが混生し、素晴らしい林相を誇っていたと思われる。矢部には日向神に見られるように岩峰が所々にあるが、このような岩峰や岩壁にはそれに適応した植生が見られる。

写真5　日向神岩峰の植生

写真6　アカマツ林

日向神岩峰のアカマツ、リョウブ、イソノキ、ヤマウルシ、アカシデ、アセビ、ヤマツツジ、ウリカエデなど、また岩壁にはイワヒバの群落、セッコク、カタヒバ、チャボソメレンゲ、ヒナランなどのラン類が繁茂していた。

矢部で一番低い所は日向神峡付近で、標高が約300mである。この300〜400mの低地部は人の手が加わりやすい所で、田、畑に利用されることが多く、本来の自然植生はほとんど失われている。しかし部分的に残存する二次林（一度伐採された後、別の植生に代わったと思われる植生、半自然植生）の構成種をもとに、宝理氏は自然植生を推定されている。これによると、かつてはシイ、カシを主とする森林が形成されていたと推定された。

従って、矢部における低地部
の自然林は、シイ、アラカシ、
シラカシ、ホウノキ、リョウブ、
ウリカエデ、シイモチ、ヤブツ
バキ、ヒサカキ、ウラジロカシ、
エノキ、その他による混生林が
形成されていたと推定される。

写真7　川辺の植生

　川辺や峡谷といった生育環
境が少し変わった所には、その環境に適応した植生が見られる。ヤブツ
バキ、ホソバタブ、アオキ、ケヤキ、イロハモミジなどから成る川辺林、
また峡谷の地には素晴らしいシオジ林が形成されていたに違いない。

　矢部は水平的な植生の変化は認められないが、垂直的な植生の変化は
大きい。最も低い300mの低地部から最も高い1,300mの高山部の間の
植生の変化を概観すると、標高に応じた植生の違いが見られる。低地部
のカシ、シイなどの高木常緑広葉樹林帯の中に、自生のスギ、ヒノキが
混生し、次第に高度が増すにつれて黄葉落葉樹林に変化していく。場所
によってはモミ、ツガなどの常緑針葉樹が混生するといったような自然
林を形成していたのが古代の矢部の森であったと思われる。

　以上見てきたのは、森そのものの姿であって森の中の様子ではなかっ
た。森の中にはいろいろな動物が住んでいたであろう。ムササビ、キツ
ネ、タヌキ、アナグマ、イノシシ等の哺乳動物、ブッポウソウ、ヤマガ
ラ、ヒヨドリ、メジロ、ホオジロ、エナガ、カケス、キジバト、キツツ
キ等々の鳥類から爬虫類、両生類、昆虫類などがたくさん生息していた。
そして林床には落ち葉が厚く堆積し、ふくよかな腐葉土が厚く積もって
いた。腐葉土の中には菌類や土壌動物がたくさん生息していた。そして
また腐植は樹木の栄養源となっている。これら森の動植物は互いに食物

連鎖の関係によって安定した自然生態系を形成していたのである。

　一方、古代の森は貯水池の役割をも果たしていた。厚い腐葉土に覆われた林床は貯水能力抜群である。しかもこのような山地から湧き出る水は栄養豊富である。森からの湧水を集めた川は水量が安定しており、加えて栄養豊かであるから川の生き物の生命を支えている。川に棲息するフナ、コイ、ナマズ、ドジョウ、ヤマメ、カワムツ、ウナギ、アユ、カマツカ、ウグイ、オイカワ、ドンコなどの魚類は勿論、水棲昆虫類、藻類などの生命を維持し、川の中の豊かな生態系形成の根源をなしているのである。

　このような山、川などの地上の姿は、人々がそこに生活するようになって徐々に変化していくが、それでも昭和初期頃までは何とか残存していた。例えば、「秋に見る高い峰々の景観はとても美しく、素晴らしかったよ」とか、「川には魚がグジョグジョおったばい」と言う古老の話を聞くと、今ここに想定してきた古代の森の姿は単なる想像による創造ではなかった。やはり本当に近い古代の森の姿であったという思いを強くした。

　矢部の山々は急峻ではあるが、山地を覆う森は決して無味乾燥な森ではなく、狩猟採集の絶好の森であったと思われる。確かな遺跡こそ発見されていないが、矢部の森には現在の矢部の住民の祖先になる人たちが暮らしていたことは確かなように思う。この人たちが矢部の土地開発の先駆けになったのである。

3　古代における矢部の祖先を考える

　人類は森に暮らし、狩猟採集による移住生活によって生命を維持してきた。この不安定な移住生活から安定した定住生活を可能にしたのは、農耕の発明であった。とりわけ、定住化を決定づけたのは、稲作の伝来

による水田稲作、即ち棚田稲作であった。これが日本民族の歴史の流れであり、矢部の祖先もまたこの流れに違わずに歴史を刻んできたものと思う。

　しかし、矢部の祖先を考えるとき、矢部には発掘された遺跡がないという難点がある。採取された遺物が３点あるだけである。石斧が２点と縄文時代のものと思われる土器片が１点示されているだけである。この３点の遺物の中で、採取場所が特定されているのは石斧の１点のみで、他の２点は特定できていない。

　もし古代の矢部の森に人が住んでいて、狩猟採集の生活をしていたとすると、そのために使ったであろう石鏃くらいは残したであろうと思えるが、発見されていない。後世の矢部の人たちは、この種のことにはあまり関心がなかったから見落としたのかも知れない。後世に遺跡を残した人たちを生粋の矢部の祖先とするなら、そういう人たちは矢部にはいなかったということになろうか。そして採取されている遺物の３点をどう受け止めたらよいだろうか。

　遺跡や遺物とは別に、矢部には八女津媛伝説がある。これは日本書紀に記されているもので、矢部村神ノ窟に八女津媛神社が祀られている。この神社の創建が養老３年（719）というから相当に古い。矢部の古い祖先を考えるときこの事を避けて通ることはできない。

　日本書紀は八女津媛について次のように記している。

　青垣山連峰の美しさに見とれた景行天皇は、案内役をしていた水沼県主に問うた。「若し神其の山に在るか」と。これに対し水沼県主猿大海は「女神有り、名を八女津媛と曰う、八女国の名此に由りて起れり」と奏上した。

　即ち、青垣山一帯を治めている八女津媛が有ります。それでこの一帯を八女というのです、と申し上げたのである。この八女津媛の寝殿の所在地が現在の矢部村神ノ窟で、ここに八女津媛神社を創建し、今もなお

この地域の守り神として厚く信仰されている。

　また、このことは古い時代、この地域一帯に多くの人々が暮らしていて、これらの人たちが平和に暮らせるようによく治めていたのが八女津媛であったということを示したものであろう。

写真8　八女津媛神社

　このように、日本書紀には八女津媛については記しているが、一方そこに住んでいた住民については触れていない。だから、住民の方に目を向けた時、住民の存在やその暮らしぶりがなかなか浮かび上がってこない。矢部の土地開発ということを考えるとき、どうしてもそこに居住し生活していた人々を問題にせざるを得ない。そこで、矢部にも古い時代から人々が住んでいたということをある程度確かなものにしたいということで、古代における矢部の古い祖先について探求してみることにした。そこで遺跡らしい遺跡が発見されていない矢部において、矢部の古い祖先を探求する手段として、矢部に隣接する村々の古代はどんな様子であったかということから、矢部を考えるという方法をとった。要するに周りの様子から矢部を攻めてみたいと思ったのである。

　矢部に隣接する村として、東に隣接する前津江村・中津江村、南に隣接する鹿北村（鹿北町）、北に隣接する星野村、西に隣接する大渕村（黒木町）、これら5つの村の古代遺跡を主に、各村の村史（村誌）を参考にした。また、八女津媛については大渕村に残る日向神伝説をもとに「八女津媛誕生秘話」として新しく編集しこれを巻末に示した。

4　矢部に隣接する村々の遺跡と伝説

（1）前津江村・中津江村の古代遺跡

　前津江村、中津江村は共に石器時代と思われる遺跡、遺物の発見はなかった。縄文時代の石器、土器は数多く発見、採集されている。両村とも正式な発掘調査は行われていない。田畑の開墾中や道路建設中、あるいは普段の通行の途中などの折に発見採集されたものである。

　前津江村では15カ所、中津江村では8カ所から採集されていて、採集の場所は特定されている。採集された遺物は、地元に産出する黒曜石の原石を使用した黒曜石製の石鏃が多く、しかも磨きがかけられていて精巧に作られていることに特徴があるとされている。土器は全て土器片として採集されており、縄文時代の土器であることが明確になっている。

　この2つの村の遺跡で特徴的なのは、下筌ダム建設の折、下筌ダム関係文化財調査団による調査があったことである。この調査によって、縄文時代の後期、晩期の土器、打製石斧、石鏃のほか、小型竪穴、集落遺構が検出されている。従って、縄文時代の津江一帯には相当数の人たちが住んでいたことを示しており、また弥生時代の遺物は殆ど発見されていないから、これは弥生時代になると稲作農耕を志向して、低地に移住したためであると推定している。

（2）鹿北村の古代遺跡

　鹿北では5カ所の遺跡（遺物発見の場所）が記録されている。いずれも正式に発掘調査されたものではなく、造成工事などの折に発見、採集されたものである。しかし、発見の場所及び遺物の年代鑑定は正式に行われている。主な遺物は、旧石器時

図1　隣接する村の遺跡分布

代のものと思われる尖頭器を初め、石器時代から弥生時代にわたる石斧、石鏃、ナイフ型石器、網のおもり、土器片など多種の遺物が検出されている。

　これらの遺物の中で弥生時代の土器片が発見されたことから、鹿北地域でもこの頃から稲作が始まったのではないかと推定されている。鹿北は山鹿地方とも隣接しているのでその可能性は高いと思われる。

（3）星野村の古代遺跡

　星野村は矢部同様8割が山地であるが、矢部程急峻ではない。緩傾斜地や平坦な高原部には縄文時代の遺跡が多く発見されている。また低地部では弥生遺跡が発見されており、星野全体で13の遺跡が確認されている。これらの遺跡で正式に発掘調査されたのは次の4遺跡である。

千々谷遺跡、星野小学校校庭遺跡、チンのウバ塚、大草平遺跡

　これらの遺跡からは縄文時代、弥生時代、古墳時代の全般にわたる遺物が出土している。特に、星野小学校校庭遺跡からは竪穴住居跡13軒、土壙14基、柱穴若干、縄文時代前期の轟式土器、縄文時代後期の鐘崎式土器、縄文時代晩期の土器のほか、石鏃、石斧、削器、十字型石器、すり石、石皿等が検出されている。また、チンのウバ塚は、墳丘規模の遺跡では縄文時代晩期に属する土器片や石鏃、土師器カメ、杯、灯明皿、瓦質土器、滑石製石鍋片、近世陶磁器片などが検出されている。

　このような星野村の遺跡分布状況から見ると、狩猟採集の生活から次第に作物栽培に便利な川沿いや低地に移行した形跡が認められ、このことは定住生活が定着していったことを示しているように思われる。また、チンのウバ塚は古代における山間の遺跡でありながら、当時の人たちはかなり進んだ生活様式をもっていた事を示しており、同時に外部との交流が行われていたことを示すものと思われる。

（４）大渕村（黒木町）の古代遺跡と伝説

　大渕村には正式に発掘された２つの遺跡と日向神伝説がある。

＊平野・熊の内遺跡（以下「平野遺跡」と略称する）

　標高900mに近い平野岳の南斜面、標高590mの緩傾斜のやや平坦になった所に在る。この遺跡の出土遺物として注目されるのはナイフ型石器で、その年代が後期旧石器時代の第２段階後半ごろのものであると鑑定されていることで、今からおよそ１万年以上も前になろうか。その他、剥片や石核が多数採集されている。採集された遺物は多くはないが、縄文時代の土器として押型文土器、轟式土器、粗製深鉢、石器としては黒曜石製の石鏃、掻器、削器、石核、石錘などが検出されている。

＊土柳・立山遺跡（以下「土柳遺跡」と略称する）

　遺跡は標高350mに位置し、すぐ下を矢部川が流れている。そして平野遺跡とは１kmの近間にある。主として縄文時代の遺物が多い。土器類としては、押型文土器、粗製鉢などが検出され、石器類としては石錘、石鏃、石匙、削器、石斧、敲石等で種類が多い。これらの出土遺物を総合してみると縄文時代の早期、後期、晩期の複合した遺物の様相を呈している。

　平野遺跡との関係を考えてみると、高所の山中で狩猟採集の生活をしていた平野の人たちが矢部川での漁撈をするようになって、土柳の方に移動してきたのではないかとも考えられる。いずれにしても平野と土柳とは相互に関係しあっていたように思われる。

＊日向神伝説と八女津媛

　八女津媛の誕生や八女津媛神社の由来についての詳細は分からない。しかし、八女津媛は日向神伝説と深い関係にあるであろうということは想像できる。今ここに、明和元年申裁４月日、柳川今福隠師晨夕という

人による『日向神案内助辨』という一
冊がある。この文書をもとに八女津媛
誕生と、八女津媛神社建立のいきさつ
の物語を創作してみた。詳細は巻末の
「八女津媛誕生秘話」に譲るとして、こ
こにごく簡単に記してみた。

写真９　八女津媛

　高天原を天馬に乗ってお発ちになり
遊飛されていた瓊瓊杵尊(ににぎのみこと)が、奥八女上
空にさしかかられた時、奇岩が林立す
る絶景の峡谷に感動され、ここに降臨
されて寝殿を築かれた。そして木花開
耶姫(やひめ)と共にこの寝殿でお暮らしになるようになった。陽光が良く当たる
この地は陽をとって「日向神の里」と命名された。これが「日向神」と
いう地名の起こりである。

　やがてお二人の間に御子が誕生された。木花開耶媛は御子出産後、姫
のために新しく築かれた寝殿に御子と共に移り住まれるようになった。
木花開耶姫のお住まいになる所は、陰をとって「月足の里」と命名され
た。「月足」という地名の起こりである。

　木花開耶姫の御子・火明命(はあかりのみこと)は、成長されて月足の里で一番美しい「月
足媛」と結ばれ、やがて美しい媛君が誕生された。火明命と月足媛の間
にお生まれになった御子が「八女津媛」である。

　八女津媛は神の血を引く媛君で、聡明で美しく、天性の呪をもって人々
を導き治める呪力をもった媛神へと成長された。やがて、月足の里一帯
から村人と共に東（矢部）の方へと移っていかれた。その途中大きな洞
穴を発見され、ここをお住まいの地と定められた。村人は媛のためにこ
の洞穴に立派な寝殿を建立し、この寝殿を「神ノ窟」と呼ぶことにした。
これから先、八女津媛はここ「神ノ窟」にお住まいになって、奥八女は

勿論、八女縣一帯を治められるようになったのである。

　余談ながら現在の八女津媛神社の位置について触れておきたい。

　八女津媛神社の社殿は窟屋の外に建立されているが、元々は窟屋の中にあったらしいと言われている。元の鳥居や石段は窟屋の正面にあった形跡が残っている。

　本来、鳥居や参道の石段は寝殿の正面にあるはずであるが、後世の人たちが立派な寝殿を建立しようと窟屋の外に移築したために、元の石段や鳥居を壊し、現在の神殿の正面になるように建設し直したもののようである、と地元の栗原敏彰さんは語っておられる。

5　古代における矢部の祖先の形成過程

　矢部と隣接する村々の古代遺跡を見てみると、いずれの村々の森も人々の暮らしの跡が認められる。このような状況だけから見ると、矢部は遺跡（人の居住）の真空地帯であったとも言えそうである。矢部は高く急峻な連峰に囲まれた擂鉢状の地形であるから、人の移動を拒んできたからであろうか。周りの森が賑やかであるのに、矢部の森だけが無人であるはずはない。周りの状況から考えると、矢部の森にも人々の暮らしはあったはずである。ただ一定期間定住した生活が営まれなかったために、遺跡を残すまでにはならなかったのではないかと推測する。

　以上見てきたように、矢部を取り巻く隣接する村々の古代の様子及び伝説をもとに、矢部の最も古い祖先がどのようにして形成されたかについて、次のように検討してみることにした。

　「矢部の最も古い祖先の多くは、八女津媛に導かれて、矢部の地以外から移住してきた人たちによって形成された。矢部で発見されている石斧2点と土器片1点は移住者によって持ちこまれた可能性が強い」

　これは想像を交えた私説であるから、一般的な歴史観としてはいささか説得力に欠けるが、日本民俗学の祖、柳田国男氏は『伝説とその蒐集』という本の一文に「伝説を愛する心は自然を愛する心に等しい。春の野に行き薮に入って木の芽や草の花の名を問うような心地である。散っている伝説を比べてみようとする心持がその蒐集である」と書いている。柳田国男氏の意図するところとは少し離れるかもしれないが、「伝説を愛する心は自然を愛する心に等しい」という言葉にひかれ、八女津媛に心をひかれながら矢部の古代にロマンを求めたくこの想像説を立ててみた。

（１）古代集落の統合

　矢部の古い祖先は外部からの移住者によって形成されたものではないかという見方、考え方に立っているのであるが、その移住者として最も可能性が高いのは矢部と西に隣接する大渕方面からの移住者ではなかったかと推測する。他の東、北、南の境界は高く急峻な地形のため、容易には越え難かったのではなかったかと思われるからである。

　平野遺跡及び土柳遺跡の存在は、古い時代に集落が形成されていたことを示すものであろう。また、矢部と境界をなす日向神は、その伝説にまつわる地名として、日向神、月足、空室、古敷岩屋などがあるが、これらの地にも古い時代集落が形成されていたものと思われる。これら６つの集落、即ち平野、土柳、日向神、月足、空室、古敷岩屋の古代集落は、半径約１㎞圏内の近場に在るから、夫々が孤立的な存在ではなく互いに関係しあっていたものと思われる。そしてこれらの集落はやがて統一的な行動を取るようになっていった。

（２）八女津媛信仰

　これらの小集落に居住する人々の相互関係が１つのまとまりに成熟していくとき、まとまりの柱となったのは信仰による結びつきではなかっ

たかと思われる。人々が生きていくためには、その「拠り所」となる何かを求める。それが信仰である。この地域の人々が拠り所としたのは日向神信仰ではなかったか、やがてそれが「八女津媛信仰」になっていったものと思われる。

　人々は病気・災害などによる苦しみや不安から逃れたいという願いを常に持っている。そしてこの願いを叶えてくれる絶対者の存在を求める。そしてその絶対者に対し、畏敬の念を抱き、その教えに従う。このような絶対的な存在が「八女津媛」であった。人々は何かにつけ八女津媛の教えを仰いだ。

　特に、集落が安定してくると人口も増える。人口の増加につれて食料確保の手段として、狩猟採集のための行動範囲が拡大していった。未開の地への行動は危険を伴う。こういう時、人々は八女津媛の指示を仰いだ。八女津媛は東の方向への行動を指し示した。東の方向とは矢部の方向である。矢部の森は殆ど人跡未踏で、豊かな森と豊かな湧水に恵まれた土地である。矢部の森への移動は、越え難い急峻な峠や深い峡谷はなく、主に等高線に沿った横への移動であるから、移動についての困難性は大きくはなかった。

　また、矢部川沿いの移動はさして困難ではない。八女津媛はこのような自然条件を見通して矢部の森への移動、移住を指し示したのである。

　八女津媛は常に人々と行動を共にした。森の中を身軽に行き来しながら人々を見守り、人々の健康と安全を神に祈った。途中日当たりの良い緩やかな傾斜の地で、近くに湧水が得られるようなところに来ると、そこに居住することを勧めたりして、居住地開拓にも心をつくした。このようにして、少しずつ矢部の森を人が住めるような森に開拓しながら進んでいったのである。八女津媛は上に君臨するような媛ではなく、何時も人々の中にあって暖かく接する媛であったので、人々の尊崇の念は増々高まり、媛の教えに絶対的に心服するようになっていった。

（3）神ノ窟

　次第に東の方に移動している時、急に人が住めるような大きな岩穴に出会った。岩穴の高さが2丈5尺、幅10丈、奥行き3丈の大きな岩穴である。人々は大変喜んだ。

　この大きな岩穴を八女津媛

写真10　神ノ窟

のお住まいにしようと、即座に皆の意見がまとまった。そこで皆で協力して、この大きな岩穴に立派な寝殿を造営した。この寝殿を「神ノ窟」と呼ぶようにした。これから先、八女津媛はこの「神ノ窟」にお住まいになりながら、人々の願い事に耳を傾け、平和な暮らしが出来るように神に祈る毎日をここで過ごされるようになった。

（4）古代矢部に形成された集落の原型

　大渕地域から東に移住しながら移り住んできた道筋は2つあった。

　1つは矢部川沿いに東進し、移住していく経路であった。この経路では、日向神、下椎葉、鶴、谷野、笹又、鬼塚などの現在の集落の原型が出来ていった。

　もう一方の経路は、山間を東進し移住していく経路で、この道筋には、横手、中畑、茗荷尾、日出、土井間、神ノ窟などの現在の集落の原型が形成されていった。やがて時代と共に2つの経路は石川内で一緒になり、以後は中村、宮ノ尾、大園、殊正寺、稲付等の矢部で最も安全で、広い平坦部に人々は集中して集落を形成していったと考えられる。

　現在、矢部の中心部を成すこれらの集落の原型は、八女津媛の時代に形づくられていたものと思われる。「尾、園」がつく地名は古い集落を示す地名である、と言われている。すると大園、宮ノ尾、殊正寺あたりは古くから集落が形成されていた可能性が強い。そしてここが矢部村の

中心部になって現在に至っていると考えられそうである。

　このように見てくると、古代における矢部の集落の形成及びそれと同時に進められる土地開発は、矢部川の南岸より北岸一帯の方が早く開かれたように思われる。そして時代の経過とともに、周りの各地域からの移住者が徐々に増えながら矢部住民の祖先は形成されていった。南北朝時代以前の祖先形成をこのように推定する。

　矢部の歴史的過程において、住民の外部からの移動、移住が大きく変化するのは、1300年代の南北朝争乱の時代における南朝方武士の矢部への土着である。この時代を過ぎて江戸時代になると、炭焼きや森林伐採に伴う外部からの移住、大正から昭和にかけての鯛生金山の盛況に伴う外部からの移住、昭和中期における林業の盛況による外部からの移住などがあるが、これらの中で矢部の祖先形成において最も大きく影響しているのは、南北朝時代における武士たちの土着・定住であったと考える。そして矢部の土地開発、とりわけ棚田の開発は、この時代より大きく進展するようになった。この事については後述する。

　このように矢部の古い祖先（土地開発の主体者）形成の過程を考えてみると、矢部山地の土地開発の進行は、集落の形成に伴って、その集落の近接地から着手されていったであろう。最初は焼畑耕作であった。それが次第に常畑になっていった。作物は穀類、芋類、野菜類が主であった。やがて水源近くの畑を水田にしたり、新しく小規模な棚田が開発されるようになっていったであろう。

　しかし、まだ米が主食の位置を占めるまでにはなっていなかったと思われる。南北朝時代以前まではこのように緩やかに土地開発が進められるような状況で矢部は推移していったように推定する。

第2章　南北朝争乱と矢部

　南北朝の争乱は、矢部の歴史にとって一時代を画するものであった。土地の開発だけにとどまらず、文化的にもまた社会的にも、すべての面においてこの争乱がもたらした影響はとても大きかった。ここでは矢部における棚田の開発に限って考察してみたいのだが、棚田の開発はもちろんそこに住む人たちが生きていくために拓いたものであるから、そこで暮らす人たちがどういう人たちであったかを問題にせざるを得ない。

　つまり、いつ頃、誰が、どのようにして拓いたかを明らかにする必要がある。こういう観点から矢部における棚田開発を歴史的に考察するとき、南北朝争乱の時代、特に五条家臣の武士たちが矢部に土着し、片や戦いに身を置きながらも田畑の開発に取り組んだことは、矢部の土地開発の歴史上画期的な事績として記録に留めておかなければならない。

　そこで、五条家臣の武士たちが、どこに、どのように土着し、定住化していったか推定できる範囲で明らかにするために、矢部における南北朝争乱の概要を簡潔にまとめておきたい。

1　九州南朝征西府の盛衰

　建武3年（1336）南北朝分立後、吉野に移られた後醍醐天皇は、九州平定のために懐良親王を征西将軍に任命され、勘解由次官五条頼元を守護役として随従させた。そして一行（12名）は吉野を発し、高野山を経由して、海路瀬戸内海を舟で西下した。途中忽那島に到着し、忽那義範の守護を受けながら九州の状況を探ること3年を費やす。

　興国元年（1340）薩摩谷山港に入港、上陸する。正平2年（1347）11月谷山城を発し海路肥後に向かい、正平3年（1348）1月宇土港に到着、菊池氏、阿蘇氏の出迎えを受け、菊池一族の護衛の下に菊池本城に入る。

そして菊池に初めて九州征西将軍府を樹立することができた。以後、懐良親王は菊池氏、阿蘇氏及び筑後南朝方勢力の支援を受け九州計略に努め、九州南部の平定に奮戦し、九州中・南部をほぼ手中に収めた。

正平14年（1359）7月菊池を進発した南朝軍は、山鹿、南関を経由し、途中筑後溝口城を攻略しながら九州南部勢力を結集し、高良山に拠点を構え、大宰府攻略の体制を整えた。そして同年8月、筑後川大保原の大会戦に臨んだ。この会戦で南朝軍は勝利をおさめ、さらに進撃を続けて大宰府攻略に成功した。ここに念願であった九州大宰府征西将軍府が樹立されたのである。

この大宰府征西府樹立後10年間、九州はほぼ平穏に経過していった。この間九州全域をほぼ手中にした懐良親王は、更に東上すべく戦備を整えることに専念した。平穏に経過した10年間ではあったが、この間に五条頼元、菊池武澄、阿蘇惟時、阿蘇惟澄の死によって南朝軍の主軸を失う大きな痛手を被る。

正平14年（1359）懐良親王は将軍職を良成親王に譲られ、その後星野、矢部に隠退され、弘和3年（1383）薨去された。墓所は星野大円寺に祀られている。

　後征西将軍宮良成親王はまだ幼少の身であったが、親王の持剣役であった橋本右京貞原の守護を受けて西下され、大宰府征西府に迎えられた。良成親王は早速四国平定の任務を帯びて四国伊予に上陸、伊予河野氏の支援を受けて奮戦された。この戦いは九州南朝軍の東上のための重要な作戦であった。しかし時代はすでに南朝に有利な時期は過ぎていた。奮

写真11　良成親王御陵墓

戦むなしく四国撤退を強いられる結果となった。以後南朝東上の夢は阻まれ、北朝方が新たに補任した今川了俊の軍勢に押されて撤退に撤退を重ね、最後の砦、菊池城まで後退することになる。

　今川軍の攻勢はなお激しく、元中7年（1390）菊池城も遂に陥落した。良成親王は菊池残余の兵を集めて各地でなおも奮戦されたが、戦果上がらず、元中9年（1392）南北朝の和議が成立する。良成親王はやむなく矢部に退くことになり、矢部大杣に在所を定められた。南朝の正統性を固く信じ、再興をと苦心されたがその願いもむなしく、失意のうちに大杣の里にて薨去された。その年号は不明であるが、亡くなられた期日が10月8日であるということが里人の言い伝えとして残されている。後征西将軍宮良成親王の御陵墓が大杣の里にあり、現在大杣公園として整備されている。まだ若かったであろう良成親王が、むなしく失意のうちに薨去された霊を慰めようと、毎年10月8日、近郊の有識者参詣のもとに矢部村主宰、神官五条氏による大杣祭典が執り行われている。

2　後醍醐天皇と金烏の御旗

　後醍醐天皇が懐良親王に下賜した「金烏の御旗」には、天皇のどのような意志が託されていたのであろうか。征西の戦いに臨むとき、この御旗に何か重要な意志が秘められていたように思われる。無事九州平定が成るようにという願いが込められていたことは確かであろう。しかし、その御旗がなぜ「金烏」の紋章でなければならなかったのか、今一つ考えさせられる。「金烏」は、本来熊野権現のシンボルを表す象徴として描かれたものであるという。天皇は熊野権現に何を託したのであろうか。

　九州平定と言った時、ふと豊臣秀吉の九州征伐のことが頭に浮かぶ。秀吉はこの時20万という大軍を動員している。懐良親王一行は文献には12名で九州に向かったと記されている。西下の途次南朝に心を寄せる部族を結集しながら戦いに臨もうという意図は予測できるが、戦力を

写真12 金烏の御旗

誰が、どうやって結集していくのかといった具体的な戦略がはっきりしない。懐良親王が発する令旨とこの『金烏の御旗』が、征西の戦略を表しているのではないかと推測する。

懐良親王一行が征西の戦いにおいて、その主戦力として頼ろうとしたのが菊池氏、阿蘇氏であった。従って、先ずは九州菊池・阿蘇に到着しなければならない。到着して九州各地を転戦することになろう。

このとき親王一行にとっては地理的にも不案内であり、また各地に割拠している部族が敵か味方かの詳細についても把握されていなかったであろう。このような状況にある時は、その土地で信頼しうる確実な情報を提供してくれる人物や、なんらかの組織に頼らざるを得ない。表面には表れないが、戦を陰で支える力なくしてこの戦いの勝利はあり得ないだろう。この征西の戦いを陰で支える力になったのは、一体どういう人たちであったか、この事を象徴しているのが『金烏の御旗』ではなかったかと思われる。

後醍醐天皇は足利尊氏の翻意によって比叡山に逃れ、延元元年（1336）更に吉野に移られ、ここに後醍醐天皇親政の南朝府が樹立されたのであった。この時より本格的な南北朝時代に突入する。国内を二分した激しい争乱の時代が始まったのである。

しかし、争乱そのものは初期こそ一進一退の様相を呈しながらも、戦力的、政治的、社会的にも北朝方優勢のうちに争乱は進行し、やがて元中9年（1392）南北朝合一の和議が成立し、この約60年に及ぶ長い争乱に一応の終止符が打たれた。

この60年を振り返ってみると、総合的な戦力においてはどうしても

　不利な条件にあった南朝方が、60年という長い年月を戦い続けることが出来たのは、なぜだったのだろうか。この点に１つの不思議さが残る。全体の戦闘力以外に、この戦を陰で支えたものがあったのではないか、それは何であったか、このことがなかなかつかみにくかった。

　だが、この点に関して１つの解を与えてくれたのが、熊本県菊池市立図書館の司書さんから提供していただいた史料であった。『郷土史譚』（菊校の郷土史譚・111号〜115号・文責堤克彦・2002）がそれである。

　この史料の論旨は、南北朝争乱を吉野・熊野を中心とする修験道（修験行者や山伏）の活躍に注目し、この争乱を検証しようとするものであるが、歴史考察の観点として１つの示唆を与える見方であると思われるので参考にした。一部原文のままの表現を使用させてもらったほか、南北朝戦史を考察したり、矢部住民に及ぼしたであろう諸事象を考える上での基本的な史料として利用させてもらった。

　昔から吉野は修験者や山伏にとって修験の聖地であった。宗教的、地理的にも、そして歴史的にも特異な条件を備えた地であったという。吉野は呪力が支配する不思議な場所とされ、吉野修験者の修行地として崇められていたからである。更に熊野三山までの大峰山系の修験道が開かれることによって、ここに集まる修験者たちの組織力、行動力は強大なものになっていた。このような吉野・熊野の修験者たちの組織力・行動力に依拠することによって、不可能と思われた天皇親政の政治体制の再興を画策されたのではないかと推測する。

　南北朝期の修験者たちはただ呪術や祈祷を行うだけでなく、全国各地にわたって独自の修験ルートを確立していた。彼らは峰入りの際や全国各地に点在する信者集落などの人々を仲介として、バトンタッチをするように天皇や親王の密命を、更には征西軍の重要な人物までも、無事目的地へ送り届ける組織力も持ち合わせていた。また海賊や山賊、散所民たちにまで渡りをつける力も持っていたのである。

　後醍醐天皇は一方では各豪族に綸旨を発せられ、また一方ではこのような修験者集団に協力を求められ、征西に対する戦略の確立に意を注がれたに違いない。後醍醐天皇の意中をこのように推察すると、『金烏の御旗』は天皇と熊野権現の関係を象徴していると共に、後醍醐天皇は、懐良親王が西下の重責を果たすために支援を確約した熊野修験者に感謝を込めたものとして、熊野権現のシンボルである『金烏の御旗』を旗印としたものであると解することができよう。

　五条頼元は明経家の出で、修験道にも明るい知見を持っていた。占術をよくする後醍醐天皇はこの点を見込んで懐良親王の護衛役、教育係として頼元を随従させたものと思われる。特に九州に上陸して以後、未知に近い九州で、南朝を陰で支えたのは、九州の修験行者たちではなかったろうか。この修験行者や山伏たちを束ねていくことが頼元の肩に大きくのしかかっていたものと思われる。

　九州の修験道で頼元が最も頼りにしたのは、阿蘇修験であったろう。この当時阿蘇修験は阿蘇氏の支配下にあった。以前、多々良ヶ浜の戦で敗走した阿蘇惟時は、一時南朝に対して積極性を欠いていたが、頼元は惟時の南朝への帰順工作に目覚ましい活躍をしたといわれている。そういう頼元の功績もあって、阿蘇氏は南朝方の有力な一族であったから、この点は頼元にとっても信頼できるものがあったろう。

　阿蘇修験道の起源は平安時代に遡る。南北朝時代にはすでに阿蘇衆徒や行者、山伏たちの集団が組織されていて、阿蘇氏の支配下にあった。頼元にとっては、この組織を通じて確かな情報を得ることができたと思われる。

　阿蘇修験行者の峰入りコースを表した文献がある。これを参考に修験行者の行動範囲を見てみたい。峰入りコースは、北コースと南コースがあったという。ここでは北コースの矢部の部分だけを示してみたい。この文献に記載されているものは、江戸時代（1817年）のものであるが、

それ以前にすでに峰入りのルートは出来上がっていたものと思われる。

> 7月28日　　阿蘇西巌殿寺本坊出発
> 　　　　　　（途中省略）
> 8月13日　　矢部岩屋（神ノ窟）宿泊、土路駈組は石川内村泊
> 8月14日　　矢部竹原村泊、土路駈組も合流
> 8月15日　　矢部竹原村泊、滞在、法事
> 8月16日　　矢部竹原村出発
> 　　　　　　（以下省略）

　矢部の修験ルートを見ると、矢部岩屋と竹原が出てくる。矢部岩屋は神ノ窟のことであろう。先述したように、ここには大きな洞窟があって八女津媛が祀られている。洞窟は霊が集まる所、あの世への入口と考えられていた。また洞窟を母の胎内に見立て、母の胎内から仏性を備えた新しい人間として再び生まれ出ようと、洞窟を修行の場としたともいわれている。御前岳、釈迦岳は山岳信仰の霊峰として、古くから修験者の修行の山であった。竹原は御前岳、釈迦岳の麓に近い集落で、修行を終えた修験者たちの宿泊の地であったものと思われる。

　このルートは正式の峰入り修行ルートで、厳しい規則に従っての修行であるので、矢部の地域住民とどんな交流が行われていたかは分からないが、神ノ窟や竹原、石川内での宿泊では酒食の接待もあったようで、かなり濃密な交流が行われたのではないかと思われる。特に神ノ窟滞在では、八女津媛神社の「浮立」はこの機会に伝授されたものではないかという推測もできる。このような定期的な峰入り修行だけでなく、行者や山伏の普段の自由な山中の往来もあったであろう。肥後を中心に南の方の、また北の方の色々な情報が頼元のもとに届けられていたものと思われる。

　後醍醐天皇が描いた戦略がうまく機能するように、軌道に乗せていっ

たのが五条頼元であった。頼元の役割を介添役という文言で表現している文献をよく見かけるが、とても介添役という生易しいものではなかったはずである。頼元は修験者組織については熟知していた。それで後醍醐天皇は頼元を懐良親王に随従させたのである。現代風にいうならば、五条頼元は征西軍の参謀長であったというべきであろう。次々に入ってくる修験者や山伏たちからの情報を分析し、検討して各武将等に連絡し、各組織に渡りをつけたりして作戦が意図通りに展開するように縦横に働いた。その元締めであり、重要な働きをしてくれる修験者集団を束ね得る人物が五条頼元であった。

　この征西の戦いで五条頼元を欠いたら、挫折の多い戦いになった可能性が強い。南北朝の戦いで雌雄を決した大保原の大会戦でも、菊池武光の奮戦に劣らず、この戦いを陰で支え、組織したのは五条頼元ではなかったかと思われる。頼元なくして一時的にせよ大宰府征西将軍府は樹立できなかったかも知れない。この期を最後に頼元は朝倉・三奈木で病死する。懐良親王にとっては大きな痛手であったろう。

3　五条頼元の矢部領有

　五条頼元が、後醍醐天皇から懐良親王の守護を命じられた時の頼元の胸中を推し量る際、どういう思いが駆け巡ったであろう。おそらく「いかなる状況になっても親王を守る」という固い決意があったに違いない。頼元がこの戦いの趨勢をどう読んでいたかはわからないが、最悪の状況に陥る場合もあり得るということも常に念頭にあったであろう。最悪の状況に陥った時、親王をどう守るか。このことを考えると、やはり最も安全な場所にお導きするよりほかにない。ではこの安全な場所をどこに求めるかということが、頼元に課せられた重い責任であった。

　「どこに」というときの場所を決定するにはいくつかの条件があろう。頼元は修験者がもたらすいろいろな情報、南朝方の武将の助言などをも

とに慎重に考慮して最終的に自身で決断したものと思われる。その決断
をし、決定した場所が矢部であった。頼元が決断する時の条件を推測し
てみた。

①矢部は南朝方の本拠地菊池に近い。本拠地菊池との連携は欠かせな
　い。矢部と菊池間の連絡には阿蘇修験行者をもってこれに当てる。
　修験ルートが確立されていて連絡が取れやすく、また素早く行動で
　きる。

②矢部は深い峡谷の地で、天然の要害をなす地形である。天然の要害
　をなす地形をうまく利用し、更にこれに防御策を講ずれば大概の攻
　撃には耐えることができる。

③豊後境に多少の不安はあるが、それ以外の３方面は南朝への忠誠心
　が厚く、全幅の信頼がおける黒木氏、星野氏、菊池氏によって守ら
　れている。

④この時期（鎌倉時代末期）は争乱の時代に入っており、鎌倉幕府の
　権威は無きに等しい。従って、矢部を支配している地頭・上妻家宗
　の統治力は衰えていて、矢部を領するのに大きな抵抗はないであろ
　う。黒木氏や星野氏の支援があれば容易に矢部を領することが出来
　はしないか。

⑤奥八女一帯は金・銀・銅などの鉱物資源が豊富であるという情報を、
　修験行者や山伏からもたらされている。この情報によると、日出、
　三倉、甲積床、八ツ瀧、八知山、星野、鯛生などに金鉱があること
　が知られている。戦争において戦力を維持するには、経済的基盤が
　しっかりしていなければならない。矢部は峡谷の地で農業生産力は

　極めて低い。従って、金資源によってこれを補うことができる。

　五条頼元は、このような矢部の戦略的な立地条件をもとに、矢部領有を決断したのではないかと推測する。そして矢部を領有した後、親王を守る堅固な防衛構想をすでに描いていたと思われる。この点について少し想像をめぐらしてみたい。
　基本的な構想としては家臣一統を矢部の要所要所に分散し、配置してそこになかば居住させ、いかなる方向からの侵入にも対応できるようにする。食料は原則として自給体制をとる。そのために居住地付近の土地開発をして食料確保に努めさせる。
　矢部では多人数が１カ所に集中して生活する場所が少ないので、このような一石二鳥の方策をとった。そして難攻不落の地を選び、主城を築き、ここを親王の居城とする。主城を守るための出城や砦を適切な場所にいくつか築く。この構想は親王をあくまでも矢部で護るということを第一義とした防衛構想である。

　もう１つの構想として、親王を護っている矢部全体を護るということがあった。矢部と隣接する黒木、星野を結ぶ防衛ラインの構築であった。つまり親王は矢部で護る。更にその矢部を黒木氏、星野氏が護るという二重の守備態勢を構想した。このような構想によって築かれた城や砦を、残されている遺構や文献に基づいて示してみたい。

○親王の御在所
　親王を護る最も安全な所として、矢部の一番奥で、御前岳、釈迦岳連峰の急峻な高峰の麓、大杣の地に親王の御在所を築いた。

○高屋城
　矢部のほぼ中央、標高642mの峻険な山の頂上に３層の城郭を築いた。

急峻な山であるので攻め上るのは困難、護るに易い山城で、四囲の見通しがよくきき、峰伝いの退路もしっかり工夫されている。この城が親王の居城であり、また五条氏代々の居城でもあった。

○アイノツル城

この城は高屋城と相対した牧曽根丘陵にあって、西方からの侵入をいち早く発見できる位置にあり、異変を直ちに高屋城に知らせる役を担っていた。

○栗原 城
くるばるじょう

栗原集落、二ツ尾集落近くの標高420mの小高い山頂に築かれた城で、主に栗原氏が守備していた。高屋城とは連絡路が通じており、主に高屋城支援を受け持っていた城である。

○虎伏木 城
こぶしきじょう

矢部川の最上流部柴庵の近くに位置し、主に豊後大友氏の攻勢に備えていた城である。この城は江田氏が守備する城であった。

○轟城

御側川に沿った、殊正寺集落の対岸の小高い山上にあり、高屋城が間近に見える位置にあり、大杣の親王の御在所をいち早く護る役割を担っていた城である。

○矢部に隣接する星野、大渕に築かれた防衛ライン

・平野、横手地区…楠木正成を祖とする楠氏が居住した。楠氏はまた星野氏とも深い関係にある。
・築足城…木屋行実の居城。大渕の月足に築城。西方からの攻撃に対し矢部を護る。

・熊野堂城…大渕の城の原に築かれた大渕三河守の居城。西方からの
攻撃に対し矢部を護る。
・剣持砦…良成親王に供奉して、西下した公家橋本右京貞原一族が土
着して定住し、砦を築き矢部高屋城を護る。
・高良籠砦…菊池氏の武将、岳三九郎定澄の家臣一統が土着し定住し
砦を築き矢部高屋城を護る。

このような親王を護る二重の防御態勢に対し、北朝方の攻撃は何れも
撃退された。即ち、元中8年（1391）の大友親世の矢部襲撃、大友道徹
の矢部襲撃、今川了俊の矢部襲撃などの記録があるが、いずれの襲撃に
対しても五条氏、黒木氏、木屋氏、大渕氏によって撃退され、矢部が北
朝方によって蹂躙されることはなかった。

五条氏が実際に矢部に入部した年月ははっきりしないが、矢部村誌に
「矢部高屋城は頼元の三男良遠の築城による。良遠は父頼元と共に懐良
親王が肥後の国に下向される折、親王のお供をして菊池城に入り、その
のち筑後に入って矢部を領地として拝領し、そのとき高屋城を築いた」
とある。懐良親王の菊池入城が正平2年（1347）である。すると高屋城
築城は、正平3〜4年（1348〜49）頃ではないかと思われる。従って、
五条氏の実質矢部領有の始まりを、正平3年（1348）頃と仮定すること
ができよう。
一方、豊臣秀吉の全国統一が天正18年（1590）である。この時秀吉
は五条氏領有の矢部の地を没収している。すると五条氏が矢部を領有し
た期間は、正平3年から天正18年までの242年間ということになる。
これは徳川の270年間に匹敵する長期領有である。この間矢部高屋城は、
良遠より第11代・統康までの五条氏代々の居城であった。

4　五条氏家臣の矢部定住

　五条氏が矢部を領有した期間は、南北朝時代の初期より戦国時代末期までの200年余りの長期に及ぶ。この間家臣も共に矢部に定住することになったのである。

　それまで歴史的には静的な空間であった矢部は、五条氏の領有となって以後、にわかに活気づき変容していく。その変容の主役は、五条氏とその家臣一統であった。このことは矢部の文化面、特に永禄前後のものと思われる多数の仏教遺物に見ることができる。

　善正寺境内に残されている永禄銘の宝篋印塔や石塔群は、かつてこの付近にあった殊正寺（極めて五条氏に関係が深い古寺）の古文書によって、その存在が確実視されていると分かる。そのほかに、矢部の各地に存在する永禄銘の板碑に、五条家臣と思われる武士の銘が刻まれていること、善正寺の古厨子や経机、栗原の松林寺の古厨子や十一面観音像などの仏教美術は、永禄、天文年代の作であることが銘によってわかっている。このような仏教文化の前後をたどってみると、天正末、即ち戦国時代末に断絶していることがわかっている。このことは五条氏の矢部領有が豊臣秀吉の九州平定によって終止したことと軌を一にし、それ以後矢部における五条氏の影響が次第に薄れていったことを表している。

　この史実を拾ってみると、五条氏とその家臣が南北朝争乱後もそのまま矢部の地に留まり、定住化したことが推測できる。ただ五条氏は一時不遇な時代があったが、後に縁の深い大渕に帰還されることになる。

　矢部に土着し、定住したと思われる人（武士）たちはどのような人たちであったろうか。この人たちが以後の矢部の土地開発の主役ではなかったかと考えると、ある程度明らかにしておく必要がある。その資料を矢部村誌その他に求めた。

　矢部村誌によると、この人は確かに五条氏の家臣であったと判断しているのは、戦いのたびに報告される次のような軍忠著到状に記された氏

名や板碑に刻まれている氏名である。この軍忠著到状の一つを村誌より
複写及び解読表にて示す。

写真13　永禄10年秋月休松の合戦の軍忠著到状

〈永禄十年秋月休松の合戦の軍忠著到状〉

永禄拾年九月三日於　秋月休松　合戦之刻
五条鎮定親類披官、或戦死或被庇人数着列、銘々加披見畢

戦死	清原武蔵守
同	鬼塚大膳亮
同	石川五兵衛
同	鬼塚伊豆守
同	中野次郎右門尉
同	九郎兵衛
同	十郎兵衛
被庇衆	甚七

※清原武蔵守は、先述（P39）の金箔の宝
篋印塔に刻されている「前武州太守桐岳宗栂
禅定門」であり、五条氏の一門である。こ
のことからすると、ここに示された武士名
は五条氏の家臣であることを表していると
いえる。
即ち、鬼塚、石川、中野、月足、柴庵など
の姓を持つ人たちの祖先は、五条氏の家臣
であると判断してほぼ間違いない。

〈永禄十年銘板碑（矢部栗原所在）〉

この板碑には次のような墨書の木札が立ててあった。

天文二十四年八月二十五日
栗原左京丞源氏弘墓
筑紫○○○○○○御作
○○○池○○○○

※この板碑は記銘からすると、慰霊碑と思われる。栗原氏は五条氏の有力な家臣であった。現在の栗原姓の祖先になる武士であると思われる。

　また、板碑に刻まれた刻銘を読める分だけ示してみた。この他、矢部・二ツ尾在住の江田鉄秋さんの家には「江田一族」という江田家の家系を示す分厚い文献（P57・写真17）が保存されている。これによると、江田家は新田義貞の流れをくむ家系であることが詳しく書かれている。大渕・城の原に在住の大渕謙市さん（最近転居）の家には、江田家と同じような「華の一族　大渕」という文献が残されている。江田姓、大渕姓とも南北朝以後も、引き続き矢部、または、大渕に土着定住した家系であることを示している。

　矢部石川内には栗原伊賀守の墓碑がある。同じく片山には栗原越前守の墓地がある。栗原氏は五条家臣の有力な武将であったといわれているので、現在の栗原姓の人たちの祖先と考えられる。片山在住の栗原照幸さんは「栗原姓は栗原伊賀守、栗原越前守の末裔です」とはっきりと言われる。ただ栗原姓は矢部住民の中でも飛び抜けて多い。昭和63年（1988）現在で全戸数の約2割を占める。このことは栗原氏が五条家臣であったということだけでは説明しにくいところがあるように思う。栗原氏に関することで『福岡県文化財調査報告書第19集・矢部村の歴史と民俗』（福岡県教育委員会・昭和34年発行）に次の記述がある。

　「矢部村の先祖は栗原氏であると言われる。事実矢部村では栗原姓を

名乗る家は極めて多く、この考えが誤りでないことは文書の上でも明らかである。栗原氏の根拠地は矢部川の最も上流と言ってよい栗原名で栗原城が五条佐馬頭家臣栗原伊賀守の居城であったことは恐らく事実であろう。栗原姓は近江備後安芸にも見出されるが長門の栗原が地理的に近く現在も山口県にはこの姓が残っているから、或いは長門系統の出身ではなかろうか。中世の中頃豊後の大友氏に対する軍事的要地として矢部が重要視されることになって大内氏の家臣として栗原氏がこの地を守る為に派遣されたのがそもそものはじまりではないかと思う」

　栗原姓については、このように栗原氏が五条家臣という側面と、一方では安芸大内氏家臣という両側面を持っていたことに起因しているように思われる。

　大渕剣持集落は、良成親王とともに西下した公家・橋本右京貞原一族が、そのまま土着し定住した集落である。橋本氏は良成親王の持剣役であったことから、集落名もこのことにちなんで剣持となった。従って、現在の橋本姓の始祖は橋本右京貞原である。

　大渕高良籠集落は、菊池の武将であった岳三九郎定澄の家臣一統が、ここに土着し定住したことによって出来た集落である。この家臣の中には岳姓、五郎丸姓、畠山姓、佐藤姓、北原姓、鬼塚姓などの武将が含まれている。

　以上、南北朝争乱において、五条氏家臣及び五条氏と深い関係にあった武士たちが以後そのまま矢部や大渕に土着し、定住した状況をみてきたが、その他、矢部・大渕の居住者からの聴取や資料を加えて全体的にまとめてみた。これを次ページの表に示す。前にあげた武士の子孫になる人たちが、土地開発をはじめ地域社会の開発、発展に大きな力となった人たちであると考えられる。勿論これらの人たちはあくまでも文献等に表れた人たちで、表れていない人たちもあろう。ここに示した人たちがすべてではないことをことわっておきたい。

争乱後も矢部や大渕に定住し、現在に至ると考えられる居住者の姓。

鬼塚、石川、月足、柴庵、堀川、新原、大渕、篠俣、
原島、栗原、江田、山口、壬生、藤原、中司、橋本

　また、後醍醐天皇・懐良親王・五条頼元にとって征西の戦いにおいて、極めて重要な精神的拠り所であった熊野権現を、大渕・城の原に、熊野神社を建立して祀っている。神社前に掲示してある熊野神社縁起を次のページにそのまま示しておきたい。

大渕城の原に祀られている熊野神社・縁起文
―応永 10 年五条頼治が熊野本宮大社より勧請、創建される―

　応永 10 年（1403）、南北朝合一後 10 年が経過した頃、後征西将軍良成
親王は、合一後京へお帰りにならぬまま矢部の地で薨去された。

　親王亡き後も五条頼治は矢部の高屋城を守り、奥筑後の土豪として矢部、
大渕の地を守っていた。その時期に創祀されている。

　この地の安寧を願いつつ、熊野神社の御神徳を蒙らせんと思い勧請され
た。熊野は、古来より歴代の帝が篤い信仰をもって御行された霊地であり、
熊野本宮大社はその中心である。京都、吉野への帰還が叶わなかった良成
親王にお仕えした五条家 4 代の頼治にとっては、特に感慨深い勧請・創建
であったろうと思う。

第 3 章　矢部峡谷の棚田

− 棚田の分布とその概要 −

　はじめに、矢部峡谷全体の棚田の概要を説明しておきたい。棚田というのは、山地や丘陵地の斜面に階段状に拓かれた水田のことである。奥八女一帯は全て山地であるので、拓かれた水田は全て棚田である。国道442 号を矢部に向かって進んでいくと、車窓の左右に棚田風景が否応なく目に入る。山間の普通の光景で、いつも見慣れているので特別に感じることはないから「棚田」という意識は薄い。

　ところが、日向神トンネルを抜けて矢部村に入ると、この光景は一変する。今まで見えていた棚田に代わって、全山を覆う杉山の光景になる。矢部には棚田はないのだろうか、と一瞬不審な感じに襲われる。

　矢部の棚田は、国道筋からはほとんど見えないのである。国道から脇道に入り、山間の奥深くに分け入らなければ目にすることは出来ない。矢部の棚田は複雑な地形と森に遮られてなかなか見えにくい。それだけに、森に囲まれてひっそりと佇む見事な棚田に出会った時の喜びや感動にはひとしおのものがある。まさに峡谷の棚田であることを実感する。

　矢部の棚田の存在を把握するには、航空写真によるのが一番よい。広大な緑の森のあちこちに、土色の地肌が点在して見える。これが棚田であり、全体的な分布状況を把握できる。棚田の水平的な分布は航空写真で把握できるが、垂直的な分布まではわからない。地形図で見ると、日向神ダムの湖面が標高300m であり、最も標高の高い棚田の上限が700m であるので、垂直的には 300 〜 700m の間に分布していることになる。

　ちなみに、標高 600m 以上の高地に拓かれている棚田をあげてみると、梅地藪、三倉、御側、杣の里、桑取藪、竹原、横手、栃ノ払など、矢部村の周辺部に拓かれている棚田がこれに当たる。これらの棚田で今も耕作されている棚田は、御側、桑取藪、竹原、横手の棚田で、他の棚田は

杉の植林や観光施設等に転用されたり、一部荒廃しているものもある。

　また、１つの棚田群を立体的、構造的に把握する場合には、航空写真では捉えにくい。特に、棚田の畔畔の状況や傾斜は、航空写真ではわからない。どうしても踏査によらざるを得ない。踏査による観察や計測をもとに全体像を再構成する必要がある。

　稲は麦の何十倍、何百倍の人命を養うことができる。ただ稲作には水が必要であり、水平を保つために階段状に水田を造成しなければならない。稲作のためにはこの２つのことに大変な苦労をしてきた。複雑・急峻な矢部の山地に拓かれている棚田を観ると、矢部の住民の苦労がよくわかる。ただ幸いなことに矢部の山地は湧水には恵まれていた。湧水が湧き出るところや、山麓のあちこちに流れる細い流れに沿って小規模な棚田がたくさん見える。

　女鹿野の棚田のように、湧水だけで２町歩に近い棚田群を灌漑しているところもある。谷や川からの導水による灌漑は意外に少ない。これも矢部の棚田の特徴であろう。反面、棚田造成には恵まれた自然条件にある丘陵地でありながら、水源が近くにないから、上野、牧曽根、鍋平の棚田のように、長大な水路や溜池を築造して造成した棚田もある。

　矢部において、棚田がいつ頃拓かれるようになったか、この事について的確な判断を示すことは難しい。1999 年に実施された日本の棚田百選に名を連ねる棚田でその開発起源を見ると、一番古いのは愛媛県松野町奥内の棚田で、開発起源が古代となっている１件だけで、他は中世以降になっている。つまり江戸時代以降ということになろう。隣村の星野広内の棚田の開発起源が、天保８年（1837）となっており、日本で唯一開発起源の年代がはっきりしている棚田と言われている。日本の棚田は全般的に、江戸時代以降とみるのが一般的な捉え方ではないかと思う。

　しかし、石井理津子著『千年の田んぼ』（旬報社刊）にあるように、山口県萩市沖に浮かぶ三島の棚田は古墳時代に拓かれたものであるという調査結果の著述もあるから、一概に江戸時代以降とは決められない。

　ここで吉村豊雄氏の見解を参考にしたい。吉村氏はその著『棚田の歴史』（農文協刊）の中で次のように述べている。

　「棚田の原初的、局所的な形態は中世には形成されていた。本格的形成は水利、土木工事次元での飛躍が必要であるので、その時期は明治初年に至る19世紀に集中している」

　つまり、江戸時代の中期から後期にかけて本格的な棚田は造成されていったということであろう。矢部の場合もこの見方が妥当のように思われる。

　しかし、矢部には矢部として考えなければならない歴史的な特殊事情がある。それは南北朝時代の影響をまともに受けてきた経緯があるからである。矢部村誌に次のような記述がある。

　「南北朝時代になると俄然この筑後、特に矢部の地は時代の脚光を浴びることになる。矢部の天嶮は大和における吉野山地のように戦略的な要地となり、南朝方の一つの拠点となった」

　このように記録に残る矢部の歴史は、南北朝時代に始まったという感さえある。実際に南北朝以前の矢部には、確実な遺跡や遺物、文献等はほとんど皆無に等しく、歴史の空白を感じさせる。従って、この急峻な地形、そして棚田の開発には極めて厳しい自然条件にある矢部峡谷にあって、棚田がどのように拓かれていったかを探るとき、南北朝時代以降を問題にせざるを得ない。だからと言ってそれ以前を等閑視するということではない。

　南北朝争乱の一時期、矢部は、五条氏がおよそ200年の長きにわたって領有する地となっている。この間、五条氏家臣は矢部に土着・定住することになる。この家臣たちの中には武士は勿論、いろいろな身分の人たちも含まれていたであろう。そしてこの人たちは先住の矢部住民よりいくらか進んだ文化・稲作文化を持っていたと思われる。定住するということは、半ば自給自足の生活を強いられることになる。否応なく田畑

を拓き、食料生産に励まなければならない。武士たちのなかには築城技術に優れた力を持った人もいたであろう。このような人たちにとって、湧水に恵まれた矢部の山地に石垣を築いて棚田を拓くことは、そんなに難しいことではなかったように思われる。すると、初歩的、あるいはある程度本格的な棚田は、南北朝時代に拓かれていたのではないかということは十分考えられる。

　このような観点、即ち「矢部における本格的な棚田開発は、五条家臣たちの矢部定住によって始まった」という見方に立って矢部全体の棚田開発を観た時、その典型的な地域として「田出尾川流域」を上げることが出来る。それは、この地域の棚田開発をみると次のような条件を具備しているからである。

　・この流域の歴史的な事象がはっきりしていること
　・棚田開発初期の原初的な棚田形態を留めている棚田が認められること
　・棚田開発の流れ（過程）が読み取れること
　・石積の技術的な変化が伺えること
　・棚田造成における住民の共同性が伺えること

　このような視点をもって「田出尾川流域の棚田」を史料や踏査に基づいて具体的に考察したのであるが、その結果はまた、矢部峡谷の棚田開発の大まかな流れを表すものでもあると考えたい。「田出尾川流域の棚田」をこのように位置づけしておき、そのあとで分布図に示した個々の棚田について見ていきたい。

　矢部の棚田がどういう人たちによって、どのように開発されたか詳細にはわからないが、聴取したことからある程度推測をまじえて示してみた。誰が、どのようにして拓いたか、これをある程度はっきり示せるの

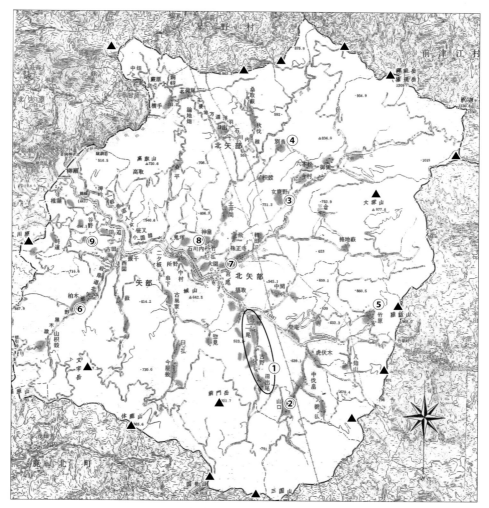

図2　矢部峡谷における棚田の分布

①田出尾川流域の棚田　②山口の棚田　③女鹿野の棚田　④別当の棚田
⑤竹原の棚田　⑥柏木の棚田　⑦上野の棚田　⑧牧曽根の棚田　⑨鍋平
の棚田
（▲印は矢部村を取り囲む700〜1,300m級の青垣山連峰を示す）

は調査した範囲では2件であった。

　1件は原島隆雄さん所有の「女鹿野の棚田」、もう1件は耕地整理組合を結成して造成工事を進めた「鍋平の棚田」であった。その他は、親族の共同によるもの、集落単位の共同によって拓かれたもので、この共同による取り組みが一番多かったが、棚田造成の起源は特定できなかった。

　「女鹿野の棚田」の場合は、原島隆雄さんの家屋が築150年以上であることがはっきりしていて、古式ゆかしい立派な造りをしていること、そして、隆雄さんより前の5代にわたる祖先の位牌が大切に祀られていることから推定した。従って、棚田は原島家代々により、ほとんど家族、親族の力だけで拓かれたものであるということがわかる。そしてこのことを誇りにしている隆雄さんの話には傾聴に値するもがあった。こういうことから推定すると開発に着手したのは江戸時代中期で、最終的な完成は昭和25年頃である。従って、良作さんの時代から手がけたとすると、およそ125年の歳月をかけて完成された棚田であるということになる。

　「鍋平の棚田」の場合は、造成事業着工が昭和10年、完成が昭和20年である。10年間を要している。食料難を克服するために、近くに水源がない丘陵地に16町歩の棚田を造成した。古田地区を主とした耕地整理組合を立ち上げ、国・県からの補助を受けて取り組んだもので、そのための申請書・計画書などが残されていて、棚田造成の過程がよくわかる。このような補助事業として造成された棚田は、「鍋平の棚田」のほかに「上野の棚田」「牧曽根の棚田」があるが、この両者は記録として残されたものがない。

　矢部における棚田開発事業は、この「鍋平の棚田」造成が最後で、これ以後に拓かれた棚田はない。これは何を意味するだろうか。鍋平、上野、牧曽根はいずれも近くに水源がない山間の丘陵地の畑であった。この3

つの丘陵以外の地は容易に水が得られるところで、こういう地は既に開発しつくされていて、新たに棚田を開発するとすれば、このような水を得にくい丘陵地の畑を棚田に変える以外に道はなかったのである。それほどに当時の人たちは米作への欲求が強く、また切実であったことを物語っているように思える。

　矢部の棚田は、南北朝時代からすると、それから昭和初期にかけてのおよそ600年間で拓かれてきたことがわかる。この間の造成作業そのものはどのような方法であったろうか。というのは、どのような工具を使って開田作業が行われていったかということである。現代のように重機があったわけではないので、大変だったことは容易に想像は出来よう。昭和初期ですら、土木技術や機器そのものは相当に進んでいた。とは言え、矢部の山間にこれを生かすことは出来なかった。時には家畜の使用もあったであろう。

　しかし、ほとんど人力による作業で進められたのである。ある古老の話によると、「朝は暗いうちから、夕方は月を見るまで」働いて、一人で、1日かかって、1坪拓けば上出来であったという。石積の作業では、下の川から石を運んでくる作業は女性の担い仕事、石垣を造る作業は男性の仕事であった。初期の段階では、専門の石工を雇ったことはほとんどなかった。高さ3ｍ、長さ50ｍの石垣を造るのに何日かかり、何個の石が運ばれたであろうか。重い石を運ぶ女性の姿が目に浮かぶ。

　昭和20年代以降、農業構造改善事業が行われるようになった。この事業によって用水路はコンクリート化され、またパイプの使用によって灌漑が容易になった。そして耕地整理によって小規模棚田が整理され、耕作が能率よく進められるようになった。現在目にする棚田は、このような経過をたどって出来上がった姿である。矢部峡谷の棚田は、棚田景観として観光客を惹きつけるほどの規模の大きな棚田はないかも知れない。

　また棚田群そのものは優れた景観であるが、惜しむらくはその一群の棚田群の全体を一望のもとに把握することが困難である。しかし棚田は本来、景観美や写真撮影の対象として築かれたものではない。道がかりも良くない峡谷の棚田は、矢部の祖先の労苦と生き様の証であることを見落してはならないと思っている。

　矢部峡谷の棚田にこのような棚田もたくさんあるのである。
　殊正寺集落と御側川をはさんだ対岸に、薮に囲まれた３〜４枚の小さな田圃が見える。矢部ではよく見かける棚田光景である。これもやはりれっきとした棚田であろう。出水を利用して拓いた田圃である。日当たりは悪く、大きな収穫は期待できないだろう。それでも毎年米つくりに励んでいる姿に、どういう言葉を掛けたらよいか迷う。

写真 14　殊正寺対岸の棚田

田出尾川流域の棚田

1　田出尾川流域の地形と集落及び棚田の分布

　南北朝時代に築かれた高屋城の城址・城山（標高 642.5m）の南東に、標高 921.6m の前門岳が聳えている。田出尾川はこの前門岳山塊を水源地とする川で、この川と並行する形で別にごく小さな流れの石岡川が流

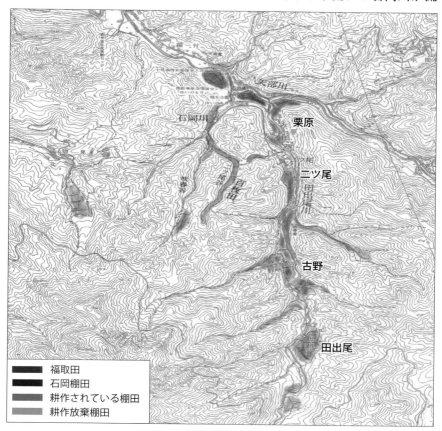

図3　田出尾川流域の棚田の分布

れている。田出尾川流域にはこの石岡川も含めることにする。この２つの川は共に字石岡で矢部川に合流している。

　前門岳山塊は、いくつもの尾根を伴って田出尾川になだれ落ちる地形をしているので、夫々の尾根筋の迫迫からいくつもの小さな谷川（枝流）があって、襞の多い複雑な地形になっている。棚田は田出尾川に沿ってほぼ切れ目なく続いているが、途中やや開けた栗原、二ツ尾、古野、田出尾の各集落付近には、まとまった規模の棚田が拓かれている。また、枝流に沿ってかなり奥深くまで小さな棚田が築かれていたが、これらの棚田はほとんど杉の植林に変わっている。

　田出尾川沿いには下流部より、栗原、二ツ尾、古野、田出尾の４つの集落が在る。このうち栗原、二ツ尾の集落は戸数が各１０戸余り、古野、田出尾の集落は夫々６戸余りの小さな集落であり、この流域の全戸数は４０戸程度で、これまで一つのまとまった行政区として取り扱われてきた。この４０戸の住民のうち、栗原姓、江田姓が９割を占める（昭和63年現在）。

　栗原、二ツ尾集落が標高350m、古野集落が400m、田出尾集落が450mであるので、現在耕作されている棚田は350〜450mの間にある。他に転用されている棚田を含めると、棚田の最高点は530mになる。

2　田出尾川流域の歴史的事象

　この流域の歴史的事象は栗原、二ツ尾に集中していて、古野、田出尾にはこれと言った歴史的な事象は認められない。このことは、栗原、二ツ尾に居を構えた人たちが、徐々に川の上流に向かって棚田造成を進めていったということを示しているのではないかと推測される。栗原、二ツ尾に残る歴史事象を次に上げてみたい

○南北朝時代、栗原には栗原城が築かれていた。

　南北朝時代、矢部を拠点とした南朝方は本城である高屋城の他に4つの支城を築いていた。栗原城はその支城の1つで、高屋城と近間にある。城と言っても山城であったらしく、城址として残るような堅固な城ではなかったようで、今は遺跡として残ってはいないが、記録として残っているのみである。

　『八女郡郷土誌』（八女郡教育会編、1978年）に次の記録が見える。

　「所在・八女郡矢部村栗原・五条左馬頭家士栗原伊賀守代々の居城であって……天授元年頃から懐良親王も当城に居住されたと伝える程で、天正時代には五条統康居城された」

　天授から天正にかけては、五条氏が矢部を領有した期間である。栗原伊賀守に因んで集落名が栗原になったのであろう。この集落の人たちの姓も栗原姓が大部分である。但し、集落を言う時は「くるばる」、姓名を言う時は「くりはら」と言って区別する。

○栗原には、雲護山・松林寺という寺があった。

　栗原集落には、寺（本家）、中寺（分家）、下寺（分家）、と呼ばれる屋号を持った家がある。現在の栗原守男さんの家が「寺」、栗原一郎さんの家が「下寺」、「中寺」にあたる家はやはり栗原姓であるが、転居されており、空き家になっている。守男さんの家あたりに松林寺はあった。

　守男さんに家系が書かれた文書を見せていただいたが、守男さんを含めて4代前まではわかったが、それより前はたどることが出来なかった。4代前から、栗原松太郎・栗原林治・栗原松蔵、と続く。

写真15　栗原集落

写真16　永禄10年銘板碑

松林寺に因んだ命名になっていて、松林寺の存在を思わせる。守男さんの「守」は、祖先からの伝統を「守りなさい」という意図からの命名であったかもしれない。守男さんは「寺守さん」と呼ばれている。

中寺のすぐ近くに観音堂がある。このお堂の中の厨子の板壁に次の銘が読み取れる。

「……栗原式部少輔源朝臣親直……天正12年……」

このような史料からすると、この地に栗原一族が居住していたことは確かで、また集落近くの水田に残る板碑に添えられた木札に、

「……栗原左京源氏弘墓……天文二十四年……」

と記銘されている。このような史実からも、南北朝時代この地に栗原一族が居住していたことが伺える。

○栗原には「あらけ」という屋号をもった家がある。

「あらけ」というのは、百姓の先がけ、または草分けと言われる家柄で、庄屋のしたさばき、と言われることもある。現在の栗原正成さんの家は、今も「あらけ」と呼ばれている。正成さんの遠い祖先は「あらけ」であったのである。現在は特にこれといった役割はないようであるが、遠い祖先は田出尾川流域の棚田開発の草分けの働きをしていたものと思われる（福岡県史・民俗資料編より）。

○二ツ尾集落住民の姓はほとんどが江田姓である。

栗原集落住民の姓がほとんど栗原姓であるのに対し、田出尾川を挟ん

で対岸の集落、二ツ尾集落の住民の姓はほとんどが江田姓である。栗原氏と江田氏が住みわけをして集落が形成されたような格好である。

栗原氏も江田氏も共に五条家臣の有力な武将であった。応安年間（1368～

写真17　江田家保存の「江田一族」本

1375）に編纂された『太平記』の筑後川大会戦において、五条大外記（五条頼元）とその子息・良遠と共に、南朝方の新田一族として参戦した江田丹後守の名が見える。二ツ尾の江田姓は、新田義貞から分岐した江田氏を祖とする一族ではないかと思われる。二ツ尾の江田マサ子さんの家には「江田一族」という分厚い書物（文献）が大切に保存されている。内容は、八幡太郎義家から新田義貞、そして江田氏と続く家柄を詳しく綴った書物である。従って、江田氏の祖先は五条氏の有力な武将であったことは確かである。

また、二ツ尾には五条屋敷があったと伝えられる。今は田圃になっ

てその屋敷跡を特定することは出来ないが、この時期に五条氏が二ツ尾に居住されていたことは十分想定される。

○二ツ尾の板碑と妙見神社

板碑に記された銘や年号「……永禄五年（1562）……」から、南北朝争乱の末期ごろになろうか、身分のかなり高い故人の慰霊碑であろうと矢部村誌にある。土地の人はここを「とのんたっちょ」と

写真18　妙見神社

呼んでいる。「とのんたっちょ」はもう1カ所ある。それは板碑のすぐ近くにある妙見神社である。この神社の御神体は妙見菩薩で、北斗星を神格化したものであると言われる。北斗星は尊王星でもあるというから、後醍醐天皇や懐良親王を護るために創建されたものかもしれない。「とのんたっちょ」というのは殿様が立つ所、または斥候が立つ所という意味だという。栗原城に関係がありそうである。土地の人たちは毎月堂籠りをする。

○「金山さん」と「金山通り」

栗原、二ツ尾近くの田出尾川岸に、人が立ったまま入れるくらいの洞穴がある。この洞穴を土地の人たちは「金山さん」と言い、また田出尾川沿いの道を「金山通り」と呼んでいる。

洞穴は南北朝争乱の時代、金鉱石探索のために掘った穴で、結果としては成功しなかった。戦争のためにはしっかりした経済的基盤がなければならないので、南朝方は金採掘に必死に取り組んでいたことが伺える。こういうことから「金山」と言う呼び名が自然発生的に生まれたのだろう。

写真19　金山さん

南朝方の最後の拠点となった矢部では、武士たちはそのまま土着・定住し、自給自足で命をつなぎながら北朝方の攻勢に対処してきた。その一翼を担う田出尾川流域では栗原城を築き、田畑の開発に励み南朝方防衛と再興にその任を全うしてきた。その主力となって活躍したのが栗原氏と江田氏であった。このような歴史事象から推測すると、田出尾川流域の開発は栗原及び二ツ尾周囲の下流部から、徐々に上流部へ向かって

川沿いに進んで行ったのではないかと推測される。次に下流部の棚田から順次その概要をたどってみたい。

3　田出尾川流域の棚田

○栗原の棚田

　集落の背後の尾根が、矢部川に向かって張りだした先端部に拓かれている棚田群である。全体の面積は約7反（7 a）、畦畔は全て石積で長方形型の整然とした棚田群である。傾斜は1/5 ～ 1/8であるが、中には4 mもある高い石垣になっている棚田もある。

　灌漑は背後の山塊からの湧水を利用し、水路とパイプによって配水している。このような整然とした棚田の景観になったのは、耕地整理の結果である。日照時間には恵まれているとは言えない。

写真20　栗原の棚田

○二ツ尾の棚田

　背後の山が北に向かって傾斜した斜面に拓かれた棚田であるので、日照には恵まれない。全体で20枚、面積は約8反（8a）、畦畔は全て石積、中には4mを超える石垣があるが、畦草刈りのための足踏みの石が石垣の中央に並んでいる。傾斜は1/5〜1/8、長方形型の整然とした棚田群である。耕地整理の結果であるが、特別に専門の石工によるものではなく、女性が川からの石運び役、男性が石積役で耕地整理事業が行われたという集落共同作業で完成されたものである。

　灌漑はすぐ近くの小さな谷川からの導水で、各棚田への配水にはパイプを利用している。また、この小さな谷川沿いには、かつて棚田が拓かれていたらしく、杉林の中に石垣が残っている。わずかな迫地をも見逃すことなく棚田を拓いた先人の姿が浮かぶ。

写真21　二ツ尾の棚田

○古野の棚田

　田出尾川を挟んで東西両斜面に67枚、全体の面積は約8反（8a）の棚田が展開している。灌漑は山腹からの湧水による小さな谷水をパイプ

配水によってまかなっている。畦畔は全て石積である。石積をよく見ると、大小さまざまな礫を積み上げたような素朴な石積の跡がうかがえる。中には大きな岩をそのまま畦畔として利用した棚田も見える。

　棚田は谷の上流部から下流部に向かって徐々に拓かれていったものと思われる。迫地のかなり奥の方まで拓かれているが、奥の方は石垣を残すのみで杉の植林になったり、または荒廃した状態にある。これだけの

写真 22　古野の棚田（西側）

写真 23　古野の棚田（東側）

棚田を造成するのにどのくらいの年月を要したであろうか。四囲を山に囲まれているので、日照時間は長くはない。耕作者は80歳を超える高齢者ばかりである。また、機械の進入もままならない田圃もあるが、それでも「米つくりが生きがいです」という言葉には敬服する以外にない。家の側の田圃には正月の松飾が立ててあった。「1月2日に初鍬入れをしました」と85歳の栗原さんは笑顔で語られる。

○田出尾の棚田

約1町歩（1 ha）の棚田群である。等高線に沿って拓かれた整った形状にある。東に傾斜した斜面であるので日の出は早いが日没も早い。この流域ではここだけが田出尾川を水源としていて、棚田の上部に水路を築き、下部には小水路やパイプで配水している。畦畔は全て石積で、傾斜は平均1/5である。

耕作者の一人である栗原敏彰さん（77歳）によると、ここは耕地整理したことはないというから、造成当初の棚田がそのまま今日まで続い

写真24　田出尾の棚田（平成10年）

ているのだろう。そういう目で石積を見ていると、特に上段部の石積は
そのような面影を残しているように見える。石積が素朴で、いまにも崩
れそうな初期の石積のように見える。下段部の棚田の石積はしっかりし
ているので、棚田造成及び石積の技術が長い年月の間に次第に向上して
きた跡で、上から下へと拓かれていったことを示していると思えた。

　栗原さんの家に、平成22年に撮影された棚田の航空写真が飾られて
いた。ほぼ10年後の写真と比較してみると、荒廃の進行がよくわかる。
川沿いの耕作放棄されている棚田は、江田さん夫婦で耕作されていたが
夫に先立たれた後、妻のナミエさんが一人でなんとか維持されていた。
しかし、ナミエさんも病がちになり、遂に耕作を放棄せざるを得なくなっ
た。子どもが帰ってくる見込みは、今のところないとのこと。このよう
なケースは、矢部ではよく見かける深刻な問題である。棚田を保存して
いく方策を何とか確立していく必要がある。

写真25　田出尾の棚田（平成19年）

○百枚田

「川向こうの杉山の中に、100枚以上はある百枚田と呼ばれる棚田が在りますよ」と教えてくれたのは栗原一郎さん（95歳）であった。夏の猛暑も峠を越えた晩秋、栗の季節に栗原一郎さん、妻とし子さん（88歳）宅を訪ねた時のことである。

居間には一郎さんの卒寿の写真、とし子さんの米寿の写真が飾ってある。もはや炬燵も温まっていた。二人とも超高齢にもかかわらず畑仕事もなさっている。2017年の矢部川シンポの折には、一郎さんの張りのある声で朗々と歌われた「柚の木挽き歌」を聴く機会もあった。妻のとし子さんは詩歌をよくされる方で、歌集『手鎌春秋』（400首よりなる歌集）を出版されており、また地元誌にも投稿される歌人である。お二人とも夫婦円満、情緒豊かな人柄を感じさせる。

一郎さんが二ツ尾の棚田について「今では杉林になってしまっているが」と前置きされて、次のように語られた。

「棚田拓きに携わっていた人たちが、作業が一段落したので、最後に出来上がった棚田の枚数を確かめるために数えてみた。99枚までは数えた。たしか100枚は拓いたはずだが、と不審に思いながら、仕方なく帰りかけた。その時、休憩するときに側においていた蓑を何気なく持ち上げたら、その蓑の下に棚田が1枚隠れていた。それでみんな安心し喜び合った、と言い伝えられている」

これに類する話は、棚田の文献を読んでいると時々目にする。例えば、石川県輪島市の白米千枚田の場合、休んでいたお尻の下に棚田が1枚隠れていたのがわかって「千枚田」になったという。いずれにしても、小さな棚田が何枚も連なっているということの表現であろう。そんなことも思いながら一郎さんの話を興味深く聞いていた。すると妻のとし子さんが念を押すように、「私が若い頃は、その百枚田の田植えや取り入れによく加勢に行っていましたよ」と付け加えられた。だから小さな棚田の連なりが実際あるんだなということは感じとれた。しかし、こんな急

峻な山の中に本当にあるのか、という疑念もあった。

　二ツ尾の百枚田は、現在、杉林に隠れて上空からでも見えないので、航空写真で確認することは出来ない。地形図にも示されていない。そこで参考になるものは何でも、という思いで矢部の字図を開いてみた。すると「字二ツ尾」に並んで「字百枚田」が図示されていた。確かに百枚田があるということはわかった。こうなると新たな疑問がわいてくる。というのは、字名付けが先か、それとも百枚田が築かれたのが先か、という疑問である。普通に考えたらすでに百枚田が築かれていて、だからそこに百枚田という字名が付けられた、という順序になりそうである。

　ところが、そうなると今度は、百枚田が築かれた時期が相当に古い時代になりそうで、この事は簡単に判断できない大きな課題として浮かび上がってくる。この事も念頭におきながら、この課題に対してどこまで真実に迫れるかわからないが、想像をたくましくして、二ツ尾百枚田開発の歴史的側面に少しでも近づいてみたい好奇心に駆られた。

〈百枚田の発見〉

　まず目で見て確かめることから始めなければならない。杉林に隠れて容易には見えない棚田に出会うには、少々探検気分で臨まなければ見出せないだろうと思って出かけた。地形図を見て、大体谷筋だろうと見当をつけて薮をかき分けながら探し回ったが、この第1回目は方角違いで徒労に終わった。このようにして独断でやるのは時間の無駄であると考え直す。わからんことは聞くにかぎる。そう思って2回目に出かけた。念ずれば開けるという。今度は運よく近所にお住まいの江田鉄秋さん（78歳）に出会うことが出来た。更に幸いなことに、江田さんはかつて百枚田の耕作者であった。「石垣しか残っていませんよ」ということで百枚田のようすや道順を詳しく教えてもらった。道は細い作道として、ほぼ昔のまま残っていたので前回のように苦労することはなかった。

　しばらく作道を上ると小さな谷の流れに出た。するとこの谷筋に沿っ

て幾段もの石垣が見える。やはり聞いた話のように、棚田が築かれていたのが実感できた。細い谷川の流れに沿って小さな棚田がずらっと奥の方に続いている。どの棚田にもまっすぐに伸びた杉が林立している。こういう光景は今まで見たことがなかった。紅葉のような色鮮やかな美しさとは異なる墨絵を見るような、静かな美しさとでも表現しようか。このような光景も美しいと言っていいだろう、と思いながらしばらく観賞していた。そしてこんな狭い迫地に、よくもこのような棚田が築かれたものだ、と先人の労苦に思いを馳せ、感心を通り越して感動する。

　さてこの棚田はどこまで続いているのだろう、最上段まで上ってみようと、さらに作道を上る。上るにつれて横に開け、山の傾斜も緩やかになってきた。棚田の段差も小さくなり、広さも広くなってくる。谷の水源と思われる所が棚田の最上段になっている。最上段は４畝ぐらいはあろうか、意外と広かった。ここを少し上るとそこが尾根の峠になっていた。これ以上には棚田はあるまいと思って下ることにした。

　今回は百枚田の発見に主目的があって、無事発見できたので、一種の成功感に浸りながらもとの道を下ることにした。途中直径20cmほどの杉の切株があって、年輪もはっきり見えたので数えてみた。30輪を数えた。この棚田が耕作放棄され、杉が植樹されて30年以上は経っていることがうかがえる。そう思い、棚田の状況を観察しながら帰途についた。

〈百枚田の全体像〉
　２回目の踏査後、もっと具体的に実態を把握する必要があるので、３回目の踏査に出かけた。今回も運よく近所の人に出会った。江田正信さん（80歳）である。早速前回の結果を伝えたところ、「あんたが見たのは百枚田全体の半分ばい」と聞いて驚く。この江田さんとは以後３回ほど出会うことになるが、その都度詳しい情報を得ることが出来た。一度、江田さんの家に上がり込んで話をお聞きしたこともあった。これら一連の江田さんの話を要約すると次のようになる。

〈百枚田の全体像〉

二ッ尾谷

百枚田

吹春谷

小さな流れ

二つの渓の合流点

石岡川

- ・2回目の踏査で見たのは百枚田全体の上部半分で、まだ下の方に続いている。
- ・この谷筋の向こう、つまりこの尾根を挟んで向こうにもう1本の谷が流れており、その谷筋にも棚田が拓かれている。そしてこの2筋の谷は下の方で合流し、合流点付近にも棚田がある。
- ・2つの谷筋の棚田に通う作道は、尾根を取り囲むように上下で繋がる。
- ・一般に百枚田と言っているのは、前回（2回目）に踏査した谷筋の棚田を言う。

　ここで、この2本の谷について、これを区別するために尾根の東側を流れる谷を二ツ尾谷、西側の谷を吹春谷と名付ける。従って、普通百枚田と言う時は二ツ尾谷沿いに築かれた棚田を指していることになる。

　そこで、正信さんの話に従って百枚田の下半分を踏査した。2つの谷の合流点に立ち、確かに2本の谷が合流していることを確かめる。そして二ツ尾谷に沿って前回の踏査地点までたどった。この間は道らしくは見えるが、草木が繁茂して上るのに難渋する。石垣があって階段状に連なる棚田は確認できた。

　しかし、孟宗竹の侵入でかなり荒廃している。迫地はますます狭くなり、棚田は小さくなって傾斜は急になる。この間の棚田は小さいが、数えてみると全部で25枚も連なっていた。更に前回たどった二ツ尾谷に沿って上る。最上部まで枚数を数えながら上っていく。前回に見落とした分も含めて84枚を数えた。

　従って、二ツ尾谷に沿って拓かれた棚田は、全部で109枚になり百枚田の名に相応しく、大変な数の小さな棚田が一列に整然と築かれていたことがわかった。今は杉、竹、草木に覆われ、崩れかけた石垣もあるが、開田され耕作されていた時分は見事な棚田光景であったろう。

　次に、吹春谷に築かれている棚田の踏査に取り掛かる。先ず2つの谷

の合流点から上る。50mばかり上ったところに意外と広い棚田があった。ここも周りが孟宗竹に覆われていて、下からは見えない。棚田の側には壊れかけた作業小屋があり、田圃には錆びついたバインダーが放置されている。ごく最近まで耕作されていたことを思わせる。田圃は5枚を認めたが、まだ上の方にもあるようであったが竹藪に覆われていて確認できない。

　しかし、この谷の水源地付近には5〜6反位の棚田があると聞いていたので、これを確認するために遠回りして水源地まで上ってみた。聞いた通り4枚の棚田を確認することが出来たが、まだ上の方にも棚田があるようであったが、竹藪に覆われていて確認できない。この吹春谷筋にはおよそ10枚以上の棚田があるように感じた。

4　田出尾川流域開発の歴史的考察

（1）矢部村字図

　流域の歴史的事象の項で述べたように、栗原城の築城を1350年頃と推定し、築城と共に五条氏家臣、特に栗原氏、江田氏を主として定住するようになったと推定する。定住と同時に田畑の開発に着手したと推定しているが、するとこの流域の開発の起源は1350年頃ということになろう。そして、下流域から上流域に向かって徐々に開発されていったと推定している。

　ここに矢部村字図がある。この字図は10年の歳月をかけて行われた国土調査に基づいて作製され、昭和55年（1980）に完成したものである。この調査結果を見ると、地目別面積は矢部村全体で田地が205.22ha、畑地が224.34haとなっており、矢部では畑地が田地を上回っている。畑作への依存が高いことがわかる。矢部峡谷の棚田を考えるときこのことも念頭に入れておきたい。

　次に字図を見ると、田出尾川流域は矢部村行政区で第15区になって

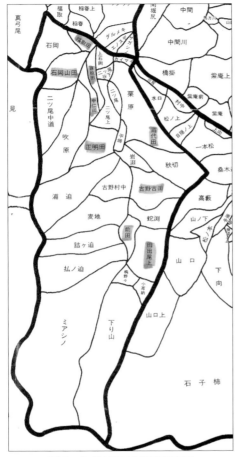

図4　矢部村第15行政区字図

いる。行政区は川や尾根を境界に区画されているので、一種の小さな共同体を意味していると言える。この15区は更に30の小字に区画されている。またこの字図は、明治初期に作製された土地台帳を土台に、国土調査の結果と照合して出来上がったものである。

　字名は一般にその土地や地域の特徴を基に名付けられるものであるから、明治初期の土地台帳に記されていた字名はそれ以前、つまり江戸時代、または江戸時代以前に言い習わされていた字名を基にしたものであったとも考えられる。特にこの点は小字名によく表されよう。

　このような見方で第15区をよく見ると、1つの特徴があることに気付く。それは「田」のつく小字が多いことである。福取田、石岡山田、百枚田、中仁田、苗代田、正明田、古野古田、前田、田出尾、30の小字のうち「田」のつく小字が9区画ある。こんなに多く「田」がつく小字を持った行政区は他に見られない。このことから推測されることは、田出尾川流域は早くから水田稲作が行われていた地域で、矢部では水田稲作の先進地ではなかったかということである。ということは、あらけ、栗原氏、江田氏を中心として定住した人たちは稲作

に早くから着手した人たちで、棚田造成に一生懸命であったのではないかということを想像する。

二ツ尾集落の背後の迫地（小字名・二ツ尾）に水が湧き出る所がある。この湧水をそのまま利用した1aほどの水田跡が3枚ほど認められる。初期の原初的な棚田であろう。この水田は湿田であったに違いないが、その下の方に20枚ほどの棚田が続いている。谷水の流れさえ見えにくい迫地にである。現代の感覚で言えば「こんな所に」と言えそうであるが、「こんな所に」田を拓いた当時の人々の、稲作に対する憧れのような気持ちを読み取ることが出来る。

苗代田という小字がある。昔は集落の人たちが共同して稲苗づくりをしていた田圃ではないかと思われる。共同で苗をつくりを、百枚田まで担ぎあげて田植えをした。田圃の手入れ、収穫もまた共同であったろう。狭隘な迫地、日照にも恵まれない小さな棚田でどれくらいの収穫があったろうか。それでも労を厭わず稲作に励んだ先人の労苦に思いを馳せる。

（2）百枚田・福取田・石岡棚田の歴史的関係
○百枚田
百枚田は先に見取り図形式で全体像を示したように、石岡川上流の二ツ尾谷沿いに拓かれた棚田で、谷水を直接棚田に取り入れる方式で造成されたもので、矢部峡谷における最も原初的な形態を留める棚田であった。また、この百枚田は昭和40年ごろまで耕作されていたが、当時の林業ブームに乗って杉の植林に変わり現在に至っている。

○福取田
石岡川から用水路を開削し、導水することによって拓かれた棚田であった。平成4年まで棚田稲作が行われていたが、同5年ここに老人ホームなどの社会福祉施設が建設されたため棚田は消滅した。それで棚田が存在していた時の状況を知るために、平成2年に作製された地籍図と地

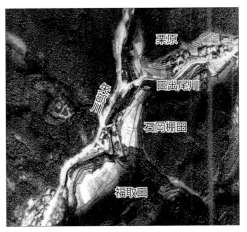

写真26　福祉施設建設前の福取田・石岡棚田

権者及びその筆数を調べてみた。なお地権者と筆数については、比較検討のために百枚田についても調べてみた。結果は次の通りである。

　百枚田も福取田も地権者及びその筆数の上で、江田姓が圧倒的に多い。このことは石岡川を水源とする棚田は、江田氏一族が主力となって拓いた棚田であることを示している。江田姓は二ツ尾集落に集

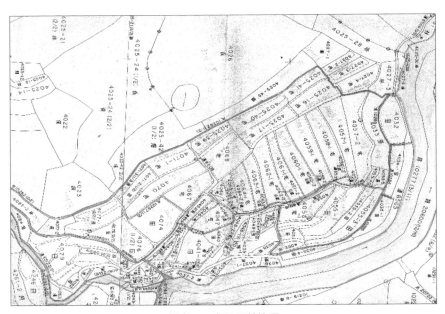

写真27　福取田地籍図

中しているので、二ツ尾集落の人達が強い結束をもって共同して拓いた棚田であったと言えそうである。

　次に、二ツ尾集落の人達は百枚田開発と福取田開発のどちらから先に着手したか推測してみたが、開発の難易度や食料獲得などの条件から考えると、当然百枚田の方が先であったろう。福取田開発のためには、水路の開削や畦畔の構築等棚田造成上の技術的な問題もあって、ある程度時代の流れを待たなければならない事情が作用したと思われる。

> **【福取田の地権者とその筆数】**
> 福取田の元の地権者 16 人中、江田姓の地権者が 13 人、栗原姓の地権者は 3 人である。両地権者の筆数を合計すると、夫々次のようになる。
> ・江田氏の筆数…55 筆
> ・栗原氏の筆数…9 筆
>
> **【百枚田の地権者とその筆数】**
> 百枚田の地権者 11 人中、江田姓の地権者が 10 人、栗原姓の地権者は 1 人である。両地権者の筆数を合計すると、夫々次のようになる。
> ・江田氏の筆数…40 筆
> ・栗原氏の筆数… 2 筆

○石岡棚田

　福取田に隣接して石岡棚田があった。この棚田には隣の社会福祉施設が建設される時、ほとんど同時に住宅団地が建設されたため、かつての棚田は消滅した。福取田と同じように、地籍図及び地権者とその筆数を調べることによって棚田が存在していた時の状況を想定してみた。次の通りである。

　石岡棚田は、すぐ側を石岡川が流れているにもかかわらず、遠く離れた田出尾川から約 500m の水路を開削し、導水して拓かれた棚田であった。棚田面と川との高低の関係からこのようになったのであろう。

　石岡棚田の地権者及びその筆数を調べてみると、姓別の点でも筆数の点でも栗原姓が圧倒的に多い。栗原姓は栗原集落に集中しているので、石岡棚田は栗原集落の住民が主となって拓かれた棚田であろうと推定する。

　石岡川を水源として拓かれた百枚田及び福取田は、二ツ尾集落住民が主となって拓いた棚田であるとすると、田出尾川を水源とする石岡棚田

は栗原集落住民が主となって拓いた棚田である、というように推測する。

　そうすると何かそこに２つの集落の間で話し合いが行われ、何らかの合意がなされた結果ではないかと思われる。食料獲得が急務であった当時のことからすると勢力争い等は考えられない。

　１つには、水利の関係からということが考えられる。その他、出来るだけ分担して取り組んだ方が能率的に開発が進められ、食料獲得においても有利であるなどの方策を考えた結果だろうと推測する。田出尾川からの用水路開削による棚田造成は、栗原集落の住民が主体になった。

　一方、石岡川からの水路開削による棚田造成は、二ツ尾集落の住民主体で実施する。水路開削と棚田造成を一体にして分担した方が、共同して棚田造成に当たるとき、協力体制が取れやすいという意識が共通にあったからではなかったか、また水源を異にするので将来の水争いを防ぐ方策として大切なことではないか、という暗黙の了解もあったかもしれない。

【石岡棚田の地権者とその筆数】
石岡棚田の元の地権者が 10 人中、栗原姓の地権者が７人、江田姓の地権者が３人である。両地権者の筆数を合計すると、夫々次のようになる。
・栗原氏の筆数…22 筆
・江田氏の筆数…６筆

写真 28　石岡棚田地籍図

　いずれにしてもこのことは、栗原一族と江田一族が結束して事にあたった時代であったことを示す事象ではないかと思う。

（3）古野棚田・田出尾棚田の石積
○古野棚田の石積

　古野には4本の谷（枝流）が田出尾川に注いでいる。この棚田の開発の過程を考えた時、いきなり現在の棚田が拓かれたとは考えにくい。百枚田と同じように、夫々の谷の奥詰から小さな棚田を造成しつつ下流に向かい、次第に規模の大きい棚田を追造成していったであろう。

　棚田群の上段部の石積は、初歩的な技術によるもののようで、粗い石積に見えるが、下段部になると切り石が混じったしっかりした石積になっている。時代の流れと共に石積技術の進歩が伺える。

写真29　古野棚田の石積1

写真30　古野棚田の石積2

○田出尾棚田の石積

　田出尾の棚田は、この流域では唯一田出尾川からの導水によって拓かれたものである。水路の長さは100m程度で、水路開削の困難性は小さい。棚田は上段部から徐々に拓かれていったものと思える。上段部の石積は素朴な粗さを感じる。いまにも崩れそうな石積があったり、鏨や玄翁を使用したのであろう、穴を穿ちかけた大きな岩がそのまま残されている。また大きな岩をそのまま擁壁にした畦畔もある。一部崩落した畦

写真31　壊れそうに見える石積

写真32　穿孔が残る岩

畔を見ると、大小多数の礫が見える石積には都合の良い条件の土地柄で
あったように思える。

（4）田出尾川流域開発の歴史的な流れ

　田出尾川流域の棚田開発についてこれを総合してまとめ、これはまた
矢部峡谷の棚田開発の大まかな歴史的過程と考えておきたい。

　開発の始点を栗原城築城の1350年頃とした。そしてこの頃五条氏家
臣である栗原氏、江田氏を主とした武士たちが田出尾川下流部に定住し
始め、初めてこの流域に本格的な棚田開発が進められるようになったと
推定してきた。

　但しこの推定は、武士たちが定住するようになる以前は、この地が原
生林の中を1本の川が流れているだけの無人の地であったということを
意味するものではない。それ以前にもこの地に村人の暮らしはあった。
野焼きをし、畑を拓き、蕎麦、粟、豆類、芋類などを作って、戦争とは
無縁の穏やかな生活を営んでいた。

　またこの時代、修験行者や山伏たちがしばしば矢部に訪れていた。矢
部の山中は修験行者の道場にもなっていたので、先住の矢部の村人たち
は、山伏たちからいろいろな情報を得ることが出来、外部と接触のない
全く隔絶された生活を営んでいたわけではなかった。それにしても今ま
で静かであった村に急に人が増えたので、村人たちは喜び、武士たちを

気持ちよく受け入れたに違いない。武士たちは築城に励んだ。武具を整え、戦備に忙しかった。村人たちは食料増産に一層励み、武士たちを助け、協力した。

やがて、武士たちも暇をみては村人にならって、食料生産に関わるようになった。それまでの畑作中心から稲作へと少しずつ転換し、より多くの食料を生産するようになっていった。稲作のための水田は、住まいの近くの湧水を利用した小さな水田から、次第に山間の湧水や流れを利用した棚田造成へと進んでいった。百枚田はこうして、村人と武士たちの協力によって造成された初期の棚田であった。

更に、湧水や谷の流れから少し離れた山間の日当たりの良い山地に、導水することで、まとまった棚田を造成するようになった。こうして拓かれたのが福取田や石岡棚田であった。棚田造成には丈夫な畦畔を築くことが必要で、石積の技術に優れた武士たちの力が大いに貢献した。

このような要領で、田出尾川下流域から上流域へ向かって棚田造成が進展していった。流域の棚田造成を比較的容易に進めることが出来たのは、流域一帯の山地が礫を多く含んだ地層であったことと、武士たちの石積技術のおかげであった。こうして棚田造成の流れをまとめてみると、いかにも短い期間で、抵抗なく進捗していったように見えるが、必ずしもそうではなかった。

南朝方が矢部を拠点にするようになった頃の争乱の状況は、九州征西府を大宰府に樹立するための戦いに明け暮れる日々であった。大宰府征西府が陥落して南朝方が敗色濃厚になってくると、矢部は最後の砦となった。南北朝が合一した後も筑後一円の戦乱はおさまらず、特に矢部の地は、2度にわたって豊後大友軍の攻撃にさらされることになった。

やっと戦いが終わったと思われるのは、豊臣秀吉の全国統一後である。この間約200年が経過していた。この200年間は常に戦時体制が続いていたであろう。戦争と背中合わせの生活が続いた。だからこそ食料生産

は重要な生活課題であった。

　だが戦争片手間の棚田造成、棚田稲作であったから200年という長い年月の割には、遅々たる棚田造りではなかったろうか。武士たちはこの地から離れることが出来ず、いよいよここに定住するより他に道はなかったのである。日常の生活が安定し始めて、棚田造りにじっくりと取り組むことが出来るようになったのは、戦国時代以降であった。

　生活がほぼ安定してくるのは、江戸時代になってからである。田出尾川流域で百枚田造りを棚田造成の始点とすると、この流域の棚田が現在のような姿になるのは、江戸時代の中期くらいになろうか。棚田造成にどれだけの労働力を動員できたか、流域の住民だけで造成工事が進められたとすれば、僅かな人数でしかなかったであろう。途中、自然災害に合ったこともあるだろう。いろいろな条件を考えると、長い年月がかかっていることは確かである。鍬と鶴嘴としょうけで拓いた棚田は、それだけに、住民の不撓不屈の働きによって築かれた「農民労働の記念碑」の感を深くする。

　矢部峡谷の棚田全体を見渡した時、水を得やすい湧水、谷筋、川筋の地には、少々条件が悪くても、江戸時代から明治時代初期までにはほとんど開発しつくされていた。それ以上に棚田を拓くとすれば、水源から遠く離れた山間の台地に求めなければならなかった。

　これは、複雑な地形の山襞に、長大な水路を築かねば実現することは出来ないし、到底個人的な力で実現することも出来ない。しかしそれでも稲作への願望は強く、山間の台地への挑戦が始まった。こうなると願望だけの問題ではどうしようもなく、一定の土木技術を伴うことになるので、他からの援助が必要であった。

　従って、この挑戦は明治以降まで待たなければならなかったのである。

山口の棚田

　矢部の南東に聳える標高 993.8m の三国山は、筑後・肥後・豊後三国境界の頂点である。この三国の領土争いが起こらないように、三国山と名付けた。山口の棚田はこの三国山の麓にある。

　堀川バス矢部行きの終点柴庵から右に虎伏木橋を渡り、山口川のせせらぎの音を聞きながら林道を歩いて 15 分ほど上る。途中、左に木材加工場を見ながら、さらに進むと、ビニールハウス群が立ち並ぶ中伐畑の集落に至る。ここで道が 2 つに分かれるので右に道をとる。ひと曲がり進むと、前方右上方に白っぽい美しい集落が見える。これが山口の集落で、あと少し上ると到着する。山口はこの辺りでは一番高いところにあり、山間の開けた空間になっているので、こののどかな佇まいの山里に立つと普段の煩わしさを忘れさせ、心癒される爽快感を味わうことができる。

　集落の背後は奥深い森になっている。三国山麓のこの一帯は官有林になっていて、かつては森林の伐採が制限されていたので、ごく最近まで

写真 33　竹原から望む山口

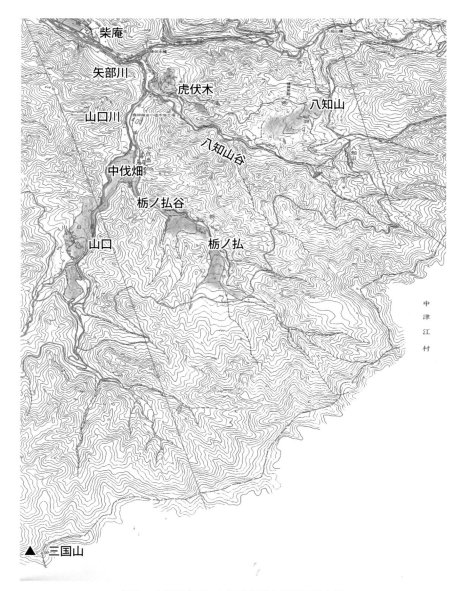

図 5　山口川水系における集落と棚田の分布図

写真34　山口の棚田

原生林の姿をとどめていた。モミ、ツガ、ケヤキなどの大木が茂ってい
て、この地域の人たちのキノコ狩りや山菜取りの絶好の森であった。近
年になって、杉の植林に姿を変えたので、森の植生も、森に住む動物た
ちも以前に比べるとずっと寂しくなった感は否めない。

　この山口に生まれてずっと過ごしてきた栗原幸雄さん（65歳）に、
小さい頃のことを話していただいた。小中学生の頃の幸雄さんは、かな
り元気者だったらしい。山口の子どもたちにとって森や川が唯一の遊び
場だった。雑木の森であった頃は、川の水も豊かで魚取りを楽しんだ。
森では鳥罠かけ、メジロ取りに夢中だった。なぜかわからないが、ここ
の山にはヘラクチ（マムシ）が多く棲んでいた。ヘラクチ取りも面白かっ
た。当時は、ヘラクチ1匹30円で買ってくれた。メジロも業者が来て買っ
てくれた。遊びながらお金がもらえて、あん頃は面白い時代だった。
　中学生の頃、校長先生から三国山への案内を頼まれたことがある。遠
足の下見のつもりであったかもしれない。友達3人で案内したことがあ

写真35　山口棚田の航空写真

写真36　山口棚田の石積

る。自分たちは山登りなど平気なものだったが、校長先生にとってはとてもきつかったらしい。途中でへばってついてこれず、いつのまにか離れてしまった。ふと気が付くと、校長先生が見えない。心配になったので、あたりを探しまわってやっと見つけた。道に迷ったらその場所にじっと止まっておればいいのに、と友達と文句を言いながら探し回ったが、とにかく見つかったのでほっとしたという思い出がある。

　幸雄さんの話を聞きながら、校長先生の歩調に合わせて案内してやれば喜ばれたであろうにとも思ったが、しかしこれは大人の考えであろう。いかにも山の子らしい、いたずらっ子らしさ、素朴さ、純真さを感じさせる話しぶりであった。

　三国山は、矢部の小中学校にとっては遠足の山であったという。1,000m近い険しい山に登るのだから、さぞきつい遠足であったろうと思う。しかし、山の子どもたちにとってはそうでもなかったらしい。原生林の中を登るのだから気持ちよく登れたという。おもしろいのは山頂に着いてからのことである。昼食の時間になると、さてどの国でオニギ

リを食べたら一番おいしいか、ということでひと賑わいあったそうである。ワイワイ、ガヤガヤ、子どもたちの喚声が聞こえそうで、ほかでは経験できない三国山ならではの思い出深い遠足であったろう。

　三国山から北東の方向になる竹原峠にかけて、900m級の高峰が連なり連峰をなしている。山口川はこの連峰一帯を水源地とする川で、柴庵で矢部川に合流する。途中、八知山谷、栃ノ払谷を集めて、この地域全体として山口川水系を形成している。

　棚田はこの水系のそれぞれの流れに沿って点在している。八知山の棚田、虎伏木の棚田、栃ノ払の棚田、中伐畑の棚田、山口の棚田といった具合にである。これらの点在する棚田の中では、山口の棚田が最も規模が大きく、整然として、棚田らしい景観を呈している。矢部の棚田を景観という点から見た時、山口の棚田の右に出るものはない。棚田の一枚一枚がきれいに耕作されていて見事な景観を誇っている。

　また、畦畔は全て石積である。開田時に掘り出されたと思われる石が大部分で、角ばった石が多く、丸みを帯びた川石は少ない。なかにはかなり大きな石が積まれていて、いかにも頑丈に見え、崩壊の心配はなさそうである。段高は1m内外が多いが、高いもので2m以上あるものが数枚見える。また一枚一枚の棚田を見ると、広いもので1反歩（10a）くらいのものが3枚くらいあるが、あとは概して小さい面積になっていて、全体で73枚、総面積3町歩（3ha）余りである。灌漑は山口川からの引水によるもので、2つの堰、2本の水路を主水路とし、パイプを利用して各棚田を灌漑している。

　このように整然と整備されたのは、昭和28年の大洪水による水害後のことで、村の改善事業による補助を受けて整備されたものである。もちろんそれ以前に、現在とほぼ同じ規模の棚田は拓かれていたので、開田の初期をたどると相当古い時代にまで遡ることになる。

　棚田の耕作者は集落各戸の所有者によって行われている。昭和63年

に16戸を数えた戸数が、現在は10戸に減少している。この10戸の中でも、実際に耕作に従事できる農家は3戸であるという。高齢化による耕作可能な人の減少は集落にとって大きな問題であるが、耕作放棄されることなく整然と棚田が維持されているのは、集落の人たちの助け合いによるものである。

その中心になっている人が、栗原多一さんである。苗づくりや稲作途中の手入れは各戸でやるそうだが、代掻き、田植え、取り入れ、籾摺り等の大部分は、多一さんが担うところが大きい。田植え機、コンバイン、籾乾燥機、籾摺り機、トラクター等の農機具は個人所有のものもあるが、共同出資や補助によって賄われている。稲作期間中の草取りや稲刈り（取り入れ）等は、村外に移住している家族の助力はあるものの、稲作全体はやはり集落の人たちの助け合い、共同によって成り立っており、また稲作を通じて相互の結束が強まり、集落共同体を成立させていることを強く感じる。このような体制づくりによって、後継者不足や過疎という現実を乗り越えていくことは、矢部にとって大きな教訓になるのではないかということを強く印象付けられた。

今、山口の子どもと言えば、小学校6年生の子どもが1人いるだけで、高齢者がほとんどである。50歳代の人が数人いるが、この人たちがここでは若者である。それでも昔と変わりなく棚田耕作が立派に続けられているのは、この集落の強い共同体意識ではないかと思える。

どのようにして、このような共同体意識が培われてきたのであろうか。この事を山口集落の歴史をたどりながら探ってみた。

山口集落の歴史を探るとき、その手掛かりにしたのは集落住民の姓である。矢部では、歴史的に見て、外部から随時転入して定住した人は非常に少ない。ずっと昔から住み続けた人たちが多い傾向にある。

昭和63年の戸数16戸のうち、山口姓4戸、栗原姓9戸、竹田姓2戸、高場姓1戸となっている。これはゼンリンの住宅地図に示されている住

宅と、その戸主名から拾ったものである。このうち山口にずっと昔から住み続けてきたと思われるのは、栗原姓と山口姓の家庭であるとみてほぼ間違いない。そこで栗原姓、山口姓の祖先をたどってみることにした。

　これは山口集落だけでなく、矢部全体について言えることであるが、栗原姓、山口姓というのは南北朝争乱時の武士と深い関係がある。懐良親王が征西将軍として西下された時、親王の守護として供奉した五条頼元氏が矢部を領有し、以後代々約200年間五条氏が矢部を領有することになるのだが、そのとき家臣たちも同時に矢部に移住し、やがて土着・定住するようになった。栗原氏、山口氏はその時の家臣である。

　現在の栗原氏については、五条氏の有力な家臣であった栗原伊賀守、栗原越前守を祖とするその末裔であるといわれている。また山口氏については、新田一族の武将であったといわれている。いずれも栗原氏、山口氏の人たちの祖先は、五条氏の家臣であったことは確かである。すると、五条氏の矢部領有はいつ頃からになるか、これははっきりとはわからないが、推測してみると正平12、13年頃ではないかと思われる。今からおよそ600年ぐらい前ということになろう。

　すると、現在の栗原氏、山口氏の祖先は、600年の昔、この山口に住みついたということになりはしないか。ということは、山口という集落は、600年の歴史を背負って現在があるということになろうか。

　南北朝争乱の当時、矢部・五条氏は、懐良親王を守護するという重い責任を担っていた。そのため矢部・五条氏と肥後・菊池氏とは、常に緊密な関係を保つ必要があった。その中継基地として、山口は重要な位置を占めていた。こういうことから五条氏の信頼厚い栗原氏、山口氏が、この山口の地の守備を任されたのであろう。山口は、ひと山越えると肥後菊池に近く、菊池との連携がとりやすい。

　また、豊後大友氏の動きにも常に注意を要する。いざという時、即対応する必要がある。山口のすぐ近くに虎伏木城があって、ここには懐良親王が住まわれている。この城は江田氏が常時守備しているが、異変の

時には、狼煙をあげて知らせていたであろう。江田氏もまた山口氏と同じ新田一族であった。

このように山口集落の歴史を見てくると、集落の人々の共同体意識は、みんなで懐良親王を守るということから始まっているのではないか、その意識が今もなお連綿として息づいているのではないかと思う。そして、この集落を統べる役割を担ってきたのが、栗原多一さんの家系ではなかったかと推測する。今も集落の人たちの話を聞いていると、多一さん一家を頼りにしているように感じる。

栗原家（現当主・栗原多一さん）には、１通の封書と刀の鍔が大切に保存されている。この封書は、大分県久住町常楽寺住職・志賀南谿氏から栗原敏彰氏（多一さんの父親）宛に出された、便箋５枚に認められたお礼の手紙である。栗原さんの了解を得て要約して次に記す。

「天正14年（1586）、島津義弘（義久ではないかと思う）３万の軍勢によって、南山城が包囲され、激しく攻撃された。南山城主・志賀武蔵守鑑隆源朝臣入道道運と城兵は必死に防戦したが、翌15年９月遂に落城

写真37　志賀鑑隆公墓碑

した。以後、鑑隆と家臣は島津の追撃を受け、敗走に敗走を重ねるうちに、鑑隆の終焉の地及びその亡骸も不明のまま長い年月が過ぎていった。

常楽寺は、南山城主・志賀鑑隆公の菩提寺である。常楽寺住職志賀南谿氏にとっては大変な懸案事項であった。それで、各方面に手を伸ばし、何年もの間探し求めていた。ところが意外にも、筑後国矢部村山口が鑑隆公の終焉の地

で、しかも立派なお墓が建立され、祀られていることを突き止めることが出来た。

　後日、住職・志賀南谿氏自身が、山口栗原家を訪れ、志賀鑑隆公の終焉の地であることに間違いないことを確認した。そして、栗原氏によって盆、正月には供養され、鑑隆公の最期が手厚く葬られていることに対し、『この上なく喜びと感激の念で胸一杯で御座います』」
とお礼の言葉を結んでいる。

　この封書の投函の日付は、「2月28日」となっているが年号は不明である。郵便番号が5桁になっているので、その時代に投函された封書と考える。

　また、志賀南谿住職が栗原敏彰氏を訪ねた時の同伴者が、久住町文化財保護委員、飯田太氏、後藤是美氏、志賀義夫氏の3名であったことが付記されている。

写真38　志賀鑑隆公自刃の岩

　天正15年は、豊臣秀吉が九州平定に出陣した年である。この当時、九州ではまだ島津が勢力拡大を図っていた。志賀氏は、多分豊後大友氏の武将であったのであろう、島津氏の攻撃を受けていたのではないかと思われる。島津氏に屈した志賀氏は、小国、津江方面に難を逃れていたが、島津氏の追撃は厳しく、

写真39　自刃した武士たちを祀るお堂

ついに峻険な豊後境を越えて、筑後国・矢部村山口に身を隠そうとしたのではないかと思われる。この時、鑑隆公と家臣7名は、山口の栗原家を頼った。栗原家ではこの一行を手厚く遇した。

　しかし、志賀鑑隆公は武士の一念を果たすべく、大きな岩の上に坐し自刃して果てた。ほかの家臣7名もこれに殉じた。鑑隆公が自刃した大きな岩は「腹切り岩」と言われて今も残っている。

　この山口に残る史実から推測すると、天正年間（1573 ～ 1593）には、栗原氏はすでに山口における有力な家柄として存在していたことを物語っている。このように考えると、南北朝のある時期、山口には栗原家、山口家を主とした集落が形成されていたものと推定される。従って、この時代の緩傾斜の丘陵地で水に恵まれた山口では、田畑の開発が進められていたことは確かであるように思える。

　日本演劇界の要職を務めながら、小・中・高校の国語教科書執筆、編纂に携わった栗原一登氏は、ここ山口が生誕の地である。そして、国際的な女優として活躍されている栗原小巻さんは一登氏の長女であり、栗原氏親子そろっての活躍を僻村矢部の誇りとしている。栗原一登氏は幼少の頃、ここ山口を離れたが、幼少にして親しんだ矢部の山や川は、氏の心の原風景として深く心に刻まれていたのであろう。詩「矢部川」に一登氏の愛郷の心が詩われている。詩「矢部川」は、柚のふるさと文化館に大きく掲示されており、いつも村人の目に触れることが出来、一登氏を偲ぶ縁としている。

　また、栗原一登氏の作詞になる村歌「ふるさと矢部」は、小巻さんの情緒豊かな歌唱として残されており、村の色々な行事の際に、小巻さんの歌唱に合わせて村民みんなで合唱している。このような栗原一登氏及び小巻さんの、矢部村の教育・文化に対する大きな功績は、厳しい自然に生きる矢部村民に心の安らぎを与えるものでもあり、この功績に感謝し、平成3年、栗原一登氏は矢部村名誉村民に推戴された。

　栗原一登氏にしても、小巻さんにしても、矢部・山口の歴史が育んだ証であろう。棚田もまた山口の歴史が刻んだ遺産である。棚田開発に着手したのは、今からおよそ600年も前のことになろうか。生きていくためには食べなければならない。その食料を得るために畑を拓き、穀物を生産して命をつないだ。

　やがて稲作に手をつけていった。稲は麦の百倍・千倍の人の命を養うことができる。だから棚田の開発に一生懸命になったに違いない。この時代は自給自足の時代であった。片や生きるための食料生産に、片や戦争に備えるという半士半農の生活が長く続いたであろう。

　後に豊臣秀吉の時代になると、刀狩が行われる。この頃から武器を捨て、農に徹した生活になっていったと思われる。畑作と違って稲作は湛水を必要とする。傾斜地に鍬を入れ、水平を保つ棚田を造らなければならない。棚田を潤すために、水を引いてこなければならない。本格的な棚田が出来ていくのは江戸時代になって、社会が安定してからだといわれている。山口の棚田もこういう経過をたどっていったものと思われる。

　今日、目の当たりにする山口の棚田は、このような長い年月をかけ、集落の人々が共同して造り上げた棚田である。正に山口の人々が山口の

写真40　山口は5月が田植えのシーズンである

大地に一鍬一鍬打ち込んで刻んだ彫刻であるといえるだろう。祖先の意志がいつまでも生き続けていくことを願わずにはいられない。またそのためには周りからの援助がぜひ必要である。矢部で一番美しい山口の棚田をいつまでも残しておきたい。

〈大分県久住町常楽寺住職　志賀南谿氏のお礼状〉
（冒頭の部分だけを示す）

女鹿野の棚田

後征西将軍宮良成親王の御陵墓がある御側の集落から、林道を2kmほど西にたどると、広く開けた丘陵に出る。南向きに緩やかに傾斜したこの丘陵が女鹿野の丘陵で、棚田はこの丘陵に拓かれている。

「女鹿野」と書いて「めがの」と読む。女鹿とは、牝鹿のことであろう。しかし、「牝」と書かないで、人の性別に使う「女」を冠したところが意味ありげで興味を引く。「女鹿」には何か歴史的な物語が秘められているようにも思える。親王の御在所であった御側の近くでもあり、親王と直接あるいは間接に関わりのあった土地柄かもしれない。

この丘陵は、もとは雑木が疎らにあるだけで、一面ススキなどの草原であったらしく、鹿にとっては絶好の棲息地になっていただろう。今は、丘陵全体が棚田になっているので視界を遮るものがなく、空が広くなったように感じられてとても広やかな開放感を味わうことができる。矢部は全山杉と言っていいほどであるが、普段はこの杉林を下から見上げているので特に新鮮味は感じない。

しかし、この丘陵からは杉林を上から見ることになって、違った感じを受ける。一本一本の杉の先端が丸みを帯びていて、よく手入れされた盆栽の頭のように見えてとても美しい。

写真41　御前岳・釈迦岳連峰

　この丘陵からの眺めで特筆に値すると思われるのが、1,200m 超の御前岳、釈迦岳連峰の眺めである。ほかの山並みから、一際抜きんでたこの連峰の薄紫色に染められた山肌は、ほかの緑と一線を画してとても感動的であり、また、冬の冠雪は日本アルプスを思わせる絶景である。

　ここを初めて訪ねたとき、ここの棚田の耕作者である原島隆雄さんが、挨拶がわりに言われた言葉がとても印象的である。「ここはとてもよかとこでしょが」という言葉であった。正に「よかとこ」である。自分の住んでいるところを、「よかとこ（愛郷心）」だと思いながら暮らしていけることは、とても貴重にしなければならない暮らしの在り方であろう。今は奥さんとおばあちゃんの 3 人暮らしである。

1　棚田に残された遺跡

　この女鹿野の棚田には、田んぼの片隅に 2 基の石碑が残されている。この 2 基ともはっきりと墓石とわかる。このうちの 1 基に刻まれた銘が朱で染められている。朱の碑銘はかなり身分の高い人の墓石であると言われている。そうすると、この近くには親王に関わる高貴な人、または、かなり身分の高い人が住んでいたということになるのであろうか。辛うじて読める墓石に刻まれた年号が、「正徳」と判読できるので、1700 年代に建てられた墓石であろうと思われる。

写真 42　棚田の片隅に残された墓石

写真 43　石塚を埋め戻した石碑

　また、棚田造成工事をしていた時、石塚が3基ほど出土したということである。この石塚の石は全部拾い集めて1カ所に埋め戻し、土盛りしてその上に石碑を立てているということであった。このような墓石や石塚の存在を考えると、この地にはかなり以前から人々の暮らしがあったことを示している。

2　棚田の概要

　女鹿野丘陵の奥まったところには、水が湧き出ているところが2カ所ある。以前はこの湧水で唐臼を動かせるほどの豊富な水量であったが、今では湧水の量がずっと減った。水源であった自然林が杉の植林になってしまったせいだという。だから、原島さんは、自宅の上に残る雑木林は今後絶対に伐採しないで、いつまでも残していきたいと力を込めて話される。しかし、杉の植林になってからも年中涸れることはない。

　この湧水はやがて集まって小さな流れとなり、丘陵の東の迫を流れ下り御側川にそそいでいる。このように湧水に恵まれ、そして、開けた空間、日当たりよく、地味豊かなこの丘陵は小さな遺跡が示すように、人が住み暮らすには格好の土地であったのであろう。随分以前から人々が住み着き集落を形成していたものと思われる。

　人々は畑を拓き、蕎麦、麦、粟、大豆、野稲、芋類などを栽培して暮らしを立てていたものであろうか。やがて時代が下がると、畑作中心から豊富な湧水を利用した稲作へと移り変わっていったものと思われる。この丘陵に拓かれた棚田の歴史を考えてみるとき、草原からいきなり棚田へと開拓が進められたというより、畑であったところを少しずつ水田に変えていったのではないかと考えるのがよさそうである。

　女鹿野の棚田は標高450〜550mの間に展開している。丘陵の傾斜の様子からこれを3つに区分する。傾斜の急な上部と下部、緩傾斜の中間部というように区分すると、棚田群の中間部は傾斜角20度、上部と下

写真 44　女鹿野棚田群の全景

写真 45　中間部の棚田

部はともに約40度以上はありそうな傾斜で急になる。

　上部の急傾斜に拓かれている棚田は、最上段の山際から水が湧き出ており、ここは湿田であったらしい。そのわきに湧水口があり、そして中央に水路が走り、この水路を挟んで両側に規模の小さな棚田が18枚築かれている。畦畔は石積で、高さは比較的高く3〜4mある。この上部は狭い迫地になっていて、三方を杉林に囲まれているため、日照に恵まれず、今は稲作には利用されていない。ただ、元は水田として拓かれたものであるという形跡はきちんと残っている。この上部の棚田は、今は花木、欅、櫟、果樹、ワサビ、茶などの畑として転用されており、耕作放棄状態にはなっていない。

　中間部の緩傾斜の丘陵に拓かれている棚田は、全部で25枚を数える。傾斜が緩やかな斜面に造成されている割には、1枚1枚の面積は広くはない。畦畔は基部を石積にしている場合もあるが主に土坡である。畦畔の高さは2mを超えるものも数枚あるが、全般に1m内外である。棚田の形は、長方形型にそろっているというのではなく形状はまちまちである。これは、元は畑であったものを畑の形状のまま水田に変えていったのではないかと思われる。

写真46　田園に飾った正月の松飾り

写真47　中間部の低い畦畔

　矢部峡谷の棚田は昭和30年

代、村の施策として耕地整備が行われているが、女鹿野の棚田ではそのような形跡は見られない。これも女鹿野棚田の特徴であろう。但し、農耕の機械化が進む中、棚田の中央を貫く作道は拡幅され、コンクリート舗装に改修されている。

　この中間部の棚田は原島家住宅に隣接しているので、よく手入れが行き届いていて、ある1枚の田んぼには毎年お正月には松飾りをする習慣になっている。「新年の初鍬入れのしるしです」と隆雄さんは話してくれたが、3月に訪ねたときにはまだそのあとが残されていた。豊作への祈りと共に、この棚田を代々受け継いできた先祖への感謝であろうか、稲作への素朴な祈りを感じさせる中間部の下を林道が走っている。

　この林道建設で数枚の棚田がつぶれている。この林道の下の部分は、再び40度以上の急傾斜の斜面に築かれた棚田になる。この下部だけで27枚を数える。急斜面の棚田造成であるから、畦畔の高さが高くなるのは当然として、棚田の横幅は意外と広く、また、等高線に沿って拓かれた棚田の長さも長い。棚田の長さが30m以上のものが10枚で最長

写真48　林道から下の棚田

80m、畦畔の高さが 3 m 以上のものが 16 枚で、最も高い畦畔は 6 m を超える。

　畦畔上面の畦幅 1m 以上のものが 9 枚、最大の畦幅が 1.5m であった。棚田の横幅については、地形に応じて湾曲し、三日月型が多く、一番広いところで測ってみると 5 m 以上が 20 枚、最大 10m の幅を持つ棚田もあった。

　そのほかの特徴として、高い畦畔の崩壊を防止するために、角材を縦横に碁盤目状に組んで約 3 m の方形枠を作り、これを土坡に埋

写真 49　高い土坡の畦畔

写真 50　崩壊を防ぐための方形枠

め込んで固定し、土坡の強度を高めていることがうかがえる。この下部の棚田はほとんどが土坡畦畔である。この女鹿野丘陵の棚田は全部で 70 枚余りあるが、これは短期間で一気に造成されたものとは思えない。棚田の形状や造成の技術的なことなどを考えると、かなり長期にわたって造成されたものではないかと思われる。

3　棚田造成の歴史的過程

　女鹿野の棚田の特徴は、次の写真に見るように高い土坡の畦畔である。どのくらいの畦畔か測定してみた。実際はこの畦畔より高いものが数枚ある。このような高い畦畔の棚田がどのようにして拓かれたか、歴史的

写真51　畦畔を測定した棚田

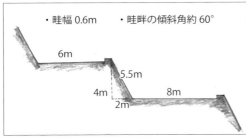

・畦幅 0.6m　　・畦畔の傾斜角約60°

6m
5.5m
4m
8m
2m

図6　棚田畦畔測定の結果図

過程を考えながら考察してみた。

　現在女鹿野には5所帯が居住しているが、これは独立した小集落というより、大きく御側集落の一部として一体的にとらえた方がよさそうである。御側の地は、ずっと昔は大杣と言って杣人（樵）たちが居住していた地であった。

　南北朝末期の1395年頃、後征西将軍宮良成親王がこの地に隠棲されるようになって以後、御側と呼ぶようになったもので、この地一帯は先住の杣人たちと親王に供奉した家臣たちとによって形成された集落で、これらの人々はこの一帯の住みよいところを求めて定住するようになった。

　従って、女鹿野という小集落を歴史的に見た場合、御側集落のうちの1つの小集落としてみた方がよく、またその起源は南北朝末期になりそうである。しかし、これから問題にする女鹿野の原島家の祖先をこの時代まで遡ることが出来るということを言おうとするものではない。

　現在、女鹿野棚田の大部分は、原島家の所有になっているが、原島家以外に栗原氏、松島氏、白石氏、江田氏などが所有する棚田もある。このことを考えると、女鹿野棚田の開発は原島家単独でなされたものでなく、数所帯が分担して拓かれたものであることがわかる。このことを前提にしながらも、ここでは原島家だけに注目して棚田開発の歴史的過程

を考察していきたい。また棚田開発の歴史を考えるときその基準にした
のは、原島家の現当主原島隆雄さんの話と、原島家が代々大切に護って
きた、隆雄さんから5代前までの先祖の御位牌である。隆雄さんの話は
これを要約して示す。

〈原島隆雄さんからの聞き取り〉
・棚田造成の工事は自分たち（家族、親族）の手で進められた。
・毎年少しずつ暇な時（農閑期）に行われていった。
・用具は鍬としょうけで、時には牛が使われたかもしれない。
・山道を造るような要領で造成工事は進められたと思う。
・他所から雇ったり、援助を受けたりはほとんどなかった。ただ、田
　植えの時だけは、1日40人ほど雇って2日ぐらいで終わらせていた。
・自分も叔父を手伝って棚田拓きをしたことがある。
・この家(現自宅)は築150年以上経っている。以前は茅葺屋根だったが、
　自分の代に瓦葺屋根にした。しかし内部の作りは昔のままである。
・私の家には、5代前からの位牌があります。

〈原島家に保管されている位牌より〉
・原島良作　大正2年　1月9日（永眠）　88歳　（文政8年出生）
・原島甚蔵　大正12年5月19日（永眠）　74歳　（嘉永2年出生）
・原島又吉　昭和25年7月4日（永眠）　60歳　（明治23年出生）
・原島新吾　平成4年　5月2日（永眠）　78歳　（大正3年出生）

○棚田全体が完成した年代
　先にふれたように、棚田全体を上部、中部、下部と3つに区分した。
棚田が造成されていった順序は、水源地になる上部から、緩傾斜の中部
へ、そして林道より下の急傾斜の下部へと進められた。
　隆雄さんが10歳の頃の記憶では、上部と中部は完全に出来上がって

おり、現在もそのままの形状で変わっていない。林道より下の下部は、下の方に棚田にして4枚くらいが畑として残っていた。この部分の棚田拓きに自分も加勢したことを覚えている。この隆雄さんの10歳の頃はまだ完全に完成していなかったということであるから、完全に完成したのはそれから数年後と考えられる。

　隆雄さんは現在70歳である。10歳の頃は今より60年前、というと昭和25年頃になる。このことから棚田造成の完了を昭和30年と推定した。1955年である。

○棚田造成に着手した年代

　原島家の祖先が女鹿野に定住するようになった年代を特定することは出来ないが、定住するようになってから野焼きをして焼畑耕作、そして畑を拓きつつ徐々に開発を進めてきたものと思われる。隆雄さんの話によると、先に拓いた畑を少しずつ水田化していったということである。そういう目で見ると、棚田の形状も畑を水田にしていったというようにまちまちの形状をしている。

　ところで、畑を水田化するようになったのはいつ頃か、これは推測する以外にないが、このことに関しては、原島家に大切に残されている御位牌を基に推測した。

　棚田造りは水源地から始められた。18枚のしっかりした石積の棚田である。この石積を見るとその根拠はないが、江戸期になってからではないかと思った。良作さんの誕生は位牌から逆算すると、文政8年（1825）である。良作さんの両親は、良作さんを養育しながら畑づくりに一生懸命であった。芋類、豆類、野稲、蒟蒻などの畑作物を主食料源としていたであろう。

　そのうち良作さんが15歳（昔の成人）になったころ、親子して本格的な棚田造りに取り組んでいったのではないかと推測する。良作さんの15歳は、天保11年（1840）である。この時代は天保の大飢饉といわれ

る時代で、百姓一揆が多発していた時代でもある。矢部の山間がどういう状況であったかは分からないが、原島家でも米（ご飯）への願望が強かったに違いない。

　このように推測すると、女鹿野棚田の開発に着手したのは天保11年（1840）頃ではなかったか、ということになる。着手してから全体が完成するまでに115年を要したことになる。

○棚田造成工事の方法

　どのような方法で棚田は造成されていったかを尋ねると、いとも簡単に「山道を造る方法と同じですよ」という言葉が返ってきた。ただ違うところは、山肌に直接鍬を入れるのではなく、以前に畑として拓かれていたものを棚田に変えていく工事であったということである。棚田を拓く前は、広狭、長短など様々な畑であったものを、畑の状態に合わせて数枚の畑を1枚の棚田にしていくような方法であったということである。

　従って、山の斜面にはすでに段畑に拓かれていて、下の段畑の端に土止め畦を築きながら、上の段畑を切り落としていく、そしてその都度畦を打ち固めていくという手順で棚田は拓かれていった。使用する工具は普段使っている農具であった。隆雄さんが10歳の頃加勢したという棚田拓きは、数枚の小さな畑の土を鍬で掻き寄せ、下の段へ掻き落とす作業であったと、自分の体験からいうのであるから、このような原島式の棚田拓きの方法もあるのだということを初めて知った。ただこの方法は、あくまでも畑拓きが前段の作業としてあったこと、その畑拓きもまた大変な労働であったろう。

○棚田造成の作業能率

　棚田造成に他人を雇って作業したことはない。すべて家族・親族の労働で造り上げたものである。それも主として農閑期を利用したもので、冬から春先にかけての仕事であった。農閑期の期間は、時代によって多

少違ってくると思われるが、一貫しているのは冬期であろう。

　家族・親族というから、1日の労働力は、平均してせいぜい4〜5人くらいではなかったかと思われる。唐鍬、鍬、しょうけ、もっこが使われたかどうか、牛などが使われたことは恐らくなかったであろう。棚田の規模にもよるが、1年に1〜2枚の棚田造成であったらしい。女鹿野棚田全体で約70枚、面積にして2町歩に近い広さである。この棚田群を約115年かかって拓いた。よくもこれだけ長い間続けられたものだと感心する。この継続の力のもとは何であったろうか。

　家の創建が150年以上前、これを110〜120年前と具体的に数字を入れてみる。すると良作さんがおよそ70歳代後半、甚蔵さんが50歳代、又吉さんが10歳代になるかならないかの年齢である。すると、家の創建に関わっているのは、良作さんと甚蔵さんということになるであろう。そして家の建主は良作さんということになろう。

　いずれにしても良作さん、甚蔵さんが健在の頃、今の家は創建されたと考えられる。従って、原島家の基礎を築いたのは良作さん、甚蔵さんではなかったか、また本格的に水田拓きが行われるようになったのもこの頃からではなかったろうか。このように推測してみると、今の女鹿野の棚田は良作さんの時代から現在の隆雄さんまで、ほぼ150年余りにわたって営々として築かれ、維持されてきた棚田と言えそうである。

　○原島家の伝統

　女鹿野の棚田が、原島家5代にわたる息の長い開田により造成されたものであるとすると、一体何がそうさせたのであろう。そこに、家代々受け継がれてきた、一貫して流れているものがあるのではないか。文字としては表されないが精神的なもの、伝統的なものがあり、それが子孫代々受け継がれ、そういうものが棚田造成の心の支えとなってきたのではないか。そういう一貫して流れてきた、精神的な伝統があったに違い

ない。そして、この精神的な伝統をつくった源をたどれば、その源はつまるところ良作さんの人格ということになろう。では、良作さんとはどのような人物であったろう、少しばかりその人物像を探ってみたい。

　良作さんは、その亡くなった年齢から逆算すると1825年の出生である。両親から健康な体質を授けられて、88歳の長寿を全うされた。大変勤勉な働き者で、現状に満足せずよりよい生活を切り拓いていこうとする向上心と、その気概を持ち合わせた気骨ある人物だと考える。

　このような人物像を描いてみたのは、初めて原島隆雄さんの家の内部の作りを拝見したときからである。一歩家の中に足を踏み入れた時、これは「杣人の家」そっくりではないか、と直感した。「杣人の家」とは、今からおよそ140年くらい前に建てられた古民家で、1尺2寸の欅の大黒柱、3尺3寸の2段の梁など重厚な作りをしていて、訪れる人を圧倒する。この古民家の創建が140年前というから、この時分の良作さんの年齢を計ってみると30歳代である。杣の庄屋のこのすごい作りの建築を目の当たりにして、30代の良作さんは何を感じたであろう。多分「よし、おれも！」と触発され発奮したのではないか。

　ちなみに、この「杣人の家」を建てたのは、同じ原島一族の人で、その当時の自然林の大木をふんだんに使った建物で、その後、村が原島家から譲り受け、現在は地元の食材をもとにした郷土料理でもてなす交流の家「杣人の家」として利用されている。

　原島家は山林も広く持っているらしい。自分の山林から優れた材を選んで建築された家であろう。良作さんの創建になると思われる現在の原島家は、「杣人の家」より一回り小さいとはいえ、堅固でどっしりとした作りである。今は瓦葺に改築されているが、これは近年のことで、創建以来ずっと茅葺であった。内部の作りには全く手をつけず、創建当時のまま残しておきたいという思いが強く、屋根だけの改築に止めたと隆雄さんは言うが、茅葺のままにしておいた方がよかったとも述懐していた。

　良作さんが今の場所に家を建てたということは、この家の作りに象徴されるように、原島家の伝統は改めてここから始まるのだという意気込みを表したものであると解していいだろう。そして、この家の作りそのものが無言の伝統であると言えるだろう。このことを次代の甚蔵さんがしっかりと受け止め、更に又吉さん、新吾さん、隆雄さんへと受け継がれていった。この伝統の結晶が女鹿野の棚田である。言葉を変えていえば、女鹿野の棚田は「原島家代々の労働の記念碑」であるといっても過言ではなかろう。

　女鹿野の棚田は、おいしいお米を生産できる自然条件に恵まれている。それは、汚れのないきれいな湧水が得られるということ、気温の日較差が大きいということ、そして開けた空間で日光を十分に受けられるということ。この３つの条件は、おいしいお米ができるための最も基本となる自然条件である。この恵まれた環境のもとに育ち、結実したお米が女鹿野の棚田米である。魚沼産に劣らない、おいしい女鹿野の棚田米が生産できる条件はそろっている。この見事な棚田がいつまでもその生命を保っていってほしいと思う。

　隆雄さんは、「年２回棚田の畦草刈りをします」と言われていた。高く、広い土坡畦畔の年２回の畦草刈りは大変な労働であろう。また先日訪ねた時、国は山間地農業保障として１反当たりなにがしかの補償金を支給していることを教えてくれた。５年ごとに期限を切っているので、５年間は必ず耕作しなければならない。今その５年の期限にきているが、75歳の今、これから先５年を改めて申請すると80歳を超えることになる。そうなると、この山間で稲作を続けていけるかどうか不安である。それで改めての５年契約は見合わせようと思っている、と深刻な話をされた。子どもは大学生で今後故郷に帰ってくることはない。昨年奥さんを亡くされ、今一人住まいである。子どもは農業はやめたらどうかと言うが、働ける間は働くつもりですと力のこもった言葉であった。体に気をつけて頑張ってください、と月並みな言葉を返す以外に言葉はなかった。

別当の棚田

　女鹿野から北へ尾根を一つ越えると、別当という小さな集落がある。南北に延びる標高 700m ほどのこの尾根の北麓を樅鶴川が流れていて、尾根筋から樅鶴川に向かってなだれ落ちる斜面はかなり急であるが、この急斜面の途中に瘤ができたような小さな丘陵がある。別当の集落は、この小さな丘陵に在る。今は 3 戸の農家があるだけになっているが、以前は 6 〜 7 戸の集落を形成していた。周りを杉林に囲まれた別当丘陵は、上空から見たら杉林の中にぽっかりと開いた円い穴のように見えるだろう。実際には長径約 400m、短径約 300m の楕円形のこの丘陵に 60 枚余りの棚田が拓かれていて、現在もきれいに耕作されている。丘陵の奥まったところに湧水源があり、この湧水を灌漑用水とし、古くから水田稲作が行われていたものと思われる。

写真 52　別当の棚田群

1　別当棚田の概要

　現在目にする棚田は、畦畔の基部を石積で築き、上部を土坡にしている棚田が数枚見えるが、ほとんどが石積の整然とした畦畔で築かれている。棚田は緩傾斜の丘陵部に多く分布していてほぼ方形であり、畦畔の高さは1m内外と低い。

　しかし丘陵の末端部になると、約60度の急傾斜になるので畦畔は3mを超えるようになり、細長く弓状の棚田になる。ここの棚田の畦畔はほとんど石積である。石積に使用されている石は大小さまざまな不定形の自然石である。おそらく開田時に掘り出された角礫をそのまま使用したものと思われる。面白いことに、ある1枚の田圃の石積は小さな石だけを用い、また別の1枚は大きな石だけを集めて積んでいることである。

　ここの棚田から、樅鶴川までは標高差が130mもあるので、川石を使用することは困難であったろう。掘り出された角礫はどんな小さな石でも捨てないで役立て、石積に利用していった苦心の跡が見える。開田以来数回にわたって、耕地整理が行われてきたという経緯からすると、その都度石積も改良されてきたものと思われる。

写真53　緩傾斜部分の棚田

　棚田の灌漑は、開田当初は湧水を小さな水路網を通して各水田に直接配水していたが、開田が進み棚田の面積が広くなるにつれて、湧水の有効利用ということを重視し、湧水を一時貯水する溜池を築造し、溜池による灌漑に変わってきた。そ

して、過去数回にわたって実施された耕地整理のたびに、1枚1枚の棚田の規模拡大（小さな棚田の整理統合）と共に、水路網も整備され、現在では棚田1枚1枚に配管され、ロスの少ない灌漑設備を築き上げてきた。年中涸れることのない湧水とはいえ、天候次第によっては旱魃への対応も考慮しておく必要があるので、この配管による灌漑施設の整備は、奥深い山間の棚田にとっては大変重要な意味を持っている。それでもなお、万一の旱魃に備えて、標高差130mの麓の樅鶴川からのポンプによる溜池への揚水施設も完備した。だが、ここ数年樅鶴川からの揚水は実施していないという。

　おいしいお米で評判の別当の棚田米だが、別当の棚田はどんな過去を持っているだろうか。開田から現在に至るまで、数回にわたって耕地整理工事が行われてきたことは確かなようである。それが、いつ、どのような工事であったかは、記録として残されていないから不明であるが、ここの棚田の耕作者の一人である新原壽二（85歳）さんの話をもとにたどってみた。

　最後の耕地整理が行われたのは、昭和30年代のようである。従って、別当の棚田が現在のように整然とした棚田群になったのは、昭和30年以降のように思われる。この頃まではここの集落の戸数も、住民の数（集落人口）も今よりずっと多く、しかも全戸が新原性で、こぢんまりとした賑やかな共同社会であった。従って、耕地整理工事なども、この集落全体

写真54　別当棚田の石積

写真 55　小さな礫の石垣構

写真 56　大きな石による石積

の共同作業で行われていたものと思われる。またこの集落の中には、石工に堪能な人もいたということであるから、現在目にする整った石積も、この石工さんの手によるものであろうと思われる。

2　「別当」という地名の由来

　ところで、この別当には、興味ある古い過去が秘められているのではないか、という感じがする。それは、「別当」という地名にどうしてもこだわりたくなるからである。

　別当という言葉は、古代の中央官庁の長官など、身分の高い職名として使用されていた役職名である。そういう役職名が、どうしてこの矢部の山間の小さな集落名となったのか、そしてここには「別当塚」という石碑が立っている小さな塚がある。どういう謂れのある塚であろうか、興味津々である。更に、別当という地名は、棚田造成と何か関係があるのだろうか、このような疑問もあったのでこの地名の由来を少し探ってみたくなった。

　そこで、生粋の別当の人である新原壽二さんに、別当の謂れを尋ねてみた。その答えは次のようであった。

　「別当の住人は昔から馬の世話（馬の飼育等）をしたり、馬の口取り

をする仕事に従事してきた家柄です。これは先祖から言い伝えられてきたことで、私たちはこれを信じて受け継いでいます」

　因みにいうと、別当の住民は全部「新原姓」である。かつては７所帯ほどの集落で、現在は３所帯ほどに減っている。この集落は、当時から続いている新原一族の集落であることがわかる。馬の世話をする新原一族で形成された集落であるということになろう。

　新原さんの話を裏付ける確かな証拠はないので、念のために別当という言葉の意味を広辞苑で調べてみた。すると９つの解釈があった。この中で新原さんの話に関係がありそうなものを３つだけ拾ってみた。

（ア）院の庁、親王家、摂関家等の長官
（イ）家政事務を執る者の長
（ウ）院の厩の別当から転じて乗馬の口取り、馬丁

　この３つの中で新原さんの話と合致しそうなのは、（ウ）の「乗馬の口取り」である。（ア）、（イ）のような内容を全面的に受け入れることには無理があるので、「乗馬の口取り」という任務をもとにその過去を考えてみた。

　「乗馬の口取り」ということになると、乗馬している人が誰かということを問題にしなければならなくなる。乗馬している人は、普通の人ではないだろう。身分の高い高貴な人であろう。

　この時代、高貴な人は数人浮かんでくるが、最も有力な人は良成親王である。これは全くの想像である。こう考えると、良成親王の愛馬を新原一族が世話したり、乗馬の口取りをしたりしていた、という仮説が成り立つ。この頃良成親王は、別当にほど近い大杣に隠棲しておられたから、この仮説も全く根拠のないものでもなさそうに思える。

　新原さんが言う「馬」にこだわるとこのようなことになるのだが、矢部では昔から馬を飼っていた家庭はなかったということも聞く。牛ばか

りであったらしい。足の長い馬は、急峻な地形の矢部では敬遠されていたということか。一般にはそう考えられるが、この時代は戦争の時代であるから、特別な人のためには馬を飼っていたということは言えるだろう。

　次に「別当塚」をどう説明するか。このことについて、新原さんは確答は避けながら頭をひねっておられたが、多分親王の馬に関係した塚ではないだろうかと言う。塚だから何かを埋葬した跡であろう。塚として後世に残すということは、残すにふさわしいものであるはずである。

　これも仮説になるが、良成親王に関係が深いものとして考えると、後征西将軍宮良成親王の愛馬ではなかったろうか。集落の人たちが大切にお世話をした親王の愛馬、幾多の戦場を駆け巡って来た愛馬が、ついに寿命尽きて倒れた。集落の人々は悲しみ、心を込めて世話をした親王の愛馬の「たてがみ」をいただき、冥福を祈って埋葬した。これが今に残る「別当塚」である。別当塚には親王の愛馬のたてがみと共に、この愛馬に込めた先祖の魂も同時に埋葬されているのである。集落の人々は別当塚をこのように伝承し、これまで大切に保存し、見守ってきた。

　毎日、別当塚に見守られて存在している棚田は、毎年おいしい棚田米を稔らせる。新原さんの奥さんは「別当の棚田米は糯米を混ぜて炊いたようにおいしい」とみんなから高い評価をいただいていますと、誇らしげに話される。壽二さんは「外出から帰ってくるとホッとします、落ち着きます。人里離れた山間ですがここがやっぱ一番住みよいところです」と自然とその気持ちが口からほとばしり出る。

写真57　別当塚

　家の庭から樅鶴官山や平野岳、石割岳の高峰が見え、杉林に囲まれ、ぽっかり空いた空間に3所帯からなる静かな集落であるが、それでも過去にはそれなりの賑わいがあり、歴史を秘めた別当の集落であった。ただ気にかかるのは、この集落が、そして棚田が、これから先どうなっていくのだろうということであった。

3　別当棚田の造成

　別当集落の過去をこのように推測すると、良成親王と共に移住してきたであろう馬丁さんたちも、1390年代頃から今の別当の地で暮らすようになったのである。今からおよそ600年前に当たる。無人の森（であったと思われる）を居住地と定めた馬丁さんたちは、差し当たって、生活のための糧を獲得することから始めなければならなかった。

　このことを考えるとき、まず想定することは、この人たちがどんな素養を身につけていた人たちであったかということである。家臣団の一員であったとすると、その時代の一般的な素養は身につけていた人たちではなかったろうか。このように考えると、稲作についても、ある程度の知識や技術的な事柄を身につけていたのではないかと思われる。従って、当初は畑作が主な食料獲得の手段であったとしても、畑作の期間は長くはなく、水田開発もほぼ同時進行していったのではないかと想定できる。

　山腹より湧き出る湧水と、その流れの小さな谷川を目にした人たちは、即刻水田の開発を構想した。その谷筋に段を築いて水田を拓くことは、そんなに困難ではない。

　例えば、古代、奈良時代における大和平野（奈良盆地）の水田開発について、古島敏雄氏は『土地に刻まれた歴史』の中で「最初に水田が立地したのは、盆地などの平坦部ではなくて、盆地を限る丘陵、山地に刻まれた小さな谷であった。このようなところに土坂による段を築いて水田を拓くことはそんなに難しいことではなかった」と述べている。

　このような観点で湧水源付近の地形を観察してみると、湧水は迫を流れ下り、小さな谷川となって樅鶴川に注いでいたはずである。この元の谷筋は今は見えないが、谷筋に当たる迫に小さな水田が3枚ほど見える。これは移住してきた人たちが、最初に拓いた水田（湿田）の名残ではないかとみることもできる。

　後年、別当の棚田の開発が進むにつれて、元の小さな谷を堰き止め、溜池を築造した。元の迫を横断する形で林道が建設されたので、元々あった谷川は消滅しているが、湧水が流れ下る道筋は当然あったはずである。このように考えると、600年前ということにこだわるわけではないが、別当における棚田開発の歴史はかなり古く、そして別当住民の長期にわたる労働の蓄積によってもたらされたものが、別当の棚田であると言うことができよう。

　先述のように「ここの棚田米はおいしいでしょうね」と水を向けると、間髪をいれず壽二さんの奥さんが「もち米を混ぜて炊いたご飯のようにおいしいという評判です」という言葉が返ってきた。それもそのはず、汚れのないきれいな湧水と、澄んだきれいな空気の中で、日の光を十分に受け、ストレスのない環境で育った稲が、稲本来が持っているうま味という形質を立派に発揮している証拠ではないかと思う。おいしいご飯が頂ける別当の棚田米は、矢部別当の自然と人との営みによって生み出されたものだということを、改めて強く印象付けられた。

　別当を訪ねたときが、丁度、田植えの季節であった。棚田には水が張られ、田植え直前の本代掻きを済ませた棚田もあったが、まだトラクターを旋回させながら本代掻きをしている1台が目にとまった。運転している人がかなりの年配の人のように見えたからである。「あの方はどなたですか」と壽二さんに尋ねると、「あれは彦次さんです。もう93歳になられます」と聞いて驚いた。若者同様に自由自在に運転されている姿が強く印象に残る。過疎化が進み超高齢の人が、先祖から受け継いだ棚田

を耕し、守っている姿に心打たれる。それはまた棚田を守り、後世に残そうという強い意志の表れのようにも受け取れた。

　田植えの時期からどれくらいたっていたろうか、2カ月も経っていたろうか。ふと新聞の「おくやみ」の覧の「新原彦次」に目が留まった。なんだか嘘のようで信じられなかった。知人に尋ねてもあの彦次さんに間違いはなかった。あの時はまだ元気にトラクターを操縦されていたのにと、同時に何とも言えぬ寂寥感におそわれた。彦次さんは、別当の最高齢者であったし、また別当の人々の心の拠り所であったろう。矢部の棚田の灯が今また1つ消えたようで、言葉では言いようのない寂しさを感じる。

　しかし、彦次さんをはじめ別当の人々が丹精込めて拓き、守ってきた見事な棚田群は、消えることなくいつまでも残っていくだろう。そう願わずにいられない。

写真58　別当の北に聳える樅鶴官山

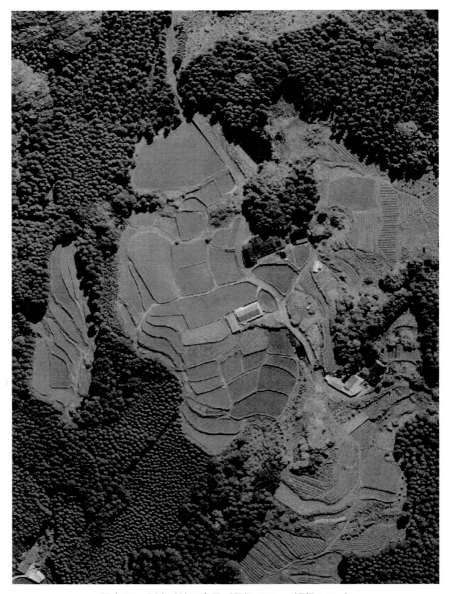

写真 59　別当丘陵の全景（長径 400m・短径 300m）

竹原の棚田

竹原には、鯛生金山全盛の頃、戸数400戸の従業員用長屋社宅が立ち並んでいた。社宅は、竹原社宅、段の園社宅、仙頭畑社宅、瀧ノ上社宅と4カ所に分散して建設されていた。金山閉山後は、これらの社宅は取り壊され、その跡地は棚田になった。

竹原の棚田開発の歴史をたどると、元々拓かれていた棚田が一時社宅地になり、社宅撤収後再び棚田が復活したという、特徴的な経過をたどっている。ここでは、竹原の棚田全体を調査の対象にしながら、この特徴的な4カ所の棚田にも特に注目し、竹原がたどった歴史と重ね合わせながら検討することにした。そのためこの4カ所の棚田を、竹原本来の棚田と区別するために、竹原社宅棚田、段の園社宅棚田、仙頭畑社宅棚田、瀧ノ上社宅棚田と呼ぶことにした。

竹原の集落は標高650〜700mにあり、矢部では桑取薮と共に最も高いところにあって、御前岳（標高1,209m）−釈迦岳（標高1,230.8m）−猿駈山（標高968m）−三国山（標高993.8m）…と連なる連峰の猿駈山の麓になる。そしてこの連峰は、福岡県と大分県の境界線になっている。猿駈山の山頂から南に少し下った標高750mが竹原峠で、福岡県と大分県が国道442号によってこの峠で結ばれている。この峠を東に少し下ると、竹原と近しい関係にある鯛生集落に至る。現在竹原峠越えの国道は竹原トンネルが開通したので、ほとんど利用されなくなったが、かつては

写真60　竹原の風景

写真61　竹原湧水

筑後と豊後を結ぶ唯一の峠道として重要な役割を果たしていた。

　竹原集落はトンネルが開通する前の旧国道沿いにかたまっている。猿駈山を背景に、竹原老松天満宮のこんもりとした鎮守の森があって、そののどかな佇まいは、山里として見飽きることのない美しさを感じさせる。また標高700mに近いこの高みから幾重にも重なる山脈の、四季折々の眺めは、天候に関わりなく夫々に趣きがあって素晴らしい。

　竹原には到る所に水が湧き出ている。特に竹原湧水は広く知られており、他所からたくさんの人が水汲みに訪れる。この湧水はきれいでおいしく、しかも年中涸れることがない。このような自然環境の故に、古の昔から人々が住み暮らしてきた所で、郷土史には竹原という地名がよく出てくる。

　竹原には遺跡こそ発見されていないが、隣村の津江地方には、石器時代から弥生時代にかけての遺跡が多数発見されている。このことを思うと、山一つ隔てた竹原にも狩猟採集の人たちが山を越えて入り込んできていたであろう。この人たちの中には、竹原の恵まれた自然環境が気に入り、ついつい踏みとどまって住みついた人たちがあったことは十分考えられる。

　平安時代になると修験道が盛んになる。そして修験行者の山中修行が活発化してくる。すると山中に行者たちの修験ルート（行者道）が次第にできていくようになった。竹原峠などの峠道は、このような行者道がやがて人が通る道になっていったものではないかと考えられる。

　江戸時代の阿蘇山修験道の記録が残されている。この記録を見ると、

写真 62　青木のお箸

写真 63　注連縄

修験行者の北回りの峰入り修験ルートに、権現岳（御前岳）、釈迦岳、竹原の名が記録されている。しかも、この行者たちは竹原に２泊し、竹原の住民から酒肴の接待を受けている。この記録は修験行者たちと、竹原の住民との交流が行われていたことを物語るものであろう。

　竹原老松天満宮には面白い風習が受け継がれている。お正月の神事に、長さ 20cm ばかりに切った青木の箸 18 組半（37 本）をシノ竹の棚に並べて奉納し、また注連縄は大きなカヤの神木に、親指大に撚った稲わらの縄を 7 回半巻き付ける。青木の箸の 18 組半、注連縄の 7 回半、「半」は何を意味するものであろうか。竹原には竹原独特の過去の歴史がありそうに思われる。そこで竹原の過去の歴史を探ってみた。

1　竹原に残る歴史的事象

（1）あらけ

「あらけ」と言うのは屋号である。竹原にはかつて「あらけ」という屋号の家があった。

　竹原の棚田について取材するため、田島冨士雄さん（第 12 代矢部村最後の村長）を訪ねた。この時、田島さん夫妻と竹原最高齢者 91 歳の江田輝雄さんも一緒であった。3 人の方々の昔話が続く中、ひとしきり

屋号のことが話題になった。屋号と言っても、例えば昔からの老舗など
の屋号とは少々趣を異にする。普段その家を呼ぶときの呼び名である。
ここではこの呼び名を屋号ということにする。屋号は、その家の過去を
知る手掛かりになると思われるので、各家の屋号を教えてもらった。次
に各家の屋号を仮名文字で示すが、その由来も教えてもらいながら予想
される漢字を添えてみた。

そねさき（曽根先）、もとえ（本家）、かじや（鍛冶屋）、こうら（川原）、
たのうえ（田上）、こうじ（川路）、はんば（飯場）、ひがし（東）、あらけ（？）、
にしどなり（西隣）、しゅく（宿）、こやし（？）、どんもと（堂元）、した（下）、
うえ（上）、いばのもと（射場元）、だんのその（段の園）、おおぎのもと（扇
の元）

　まず注目したのは「あらけ」である。さらに各家の位置などに注意し
てよく見ると、「した、ひがし、うえ、にしどなり」などは「あらけ」
を中心にした位置関係から付いた屋号であることが分かった。すると、
「あらけ」という屋号の家柄は、集落の中心になる家格を持った家柄で
あったと考えられる。
　「あらけ」という屋号があることを初めて知ったのは、竹原と深い関
係にある大分県中津江村の村誌を読んでいるときであった。中津江村に
は、「あらけ」の屋号の家がたくさんあるので、村誌は数十ページにわたっ
て詳細に記述されていた。「あらけ」というのはどんな家柄か、中津江
村誌から要点を拾って簡潔に示しておきたい。
　「あらけ」には「新開」という漢字を当てている。新しく土地を開く（拓
く）という意味であろう。そして「あらけ」とは、百姓の先がけで、庄
屋のしたさばき（下裁き）の役もして、地域の土地開発に大きく貢献し
てきた家柄であるとしている。これら一連の記述の中で「あらけ」の性
格がよくわかり、また竹原にも関係する一文があったので、この部分だ

け原文のまま引用する。

　「中津江村には長谷部と言う『あらけ』が9所帯ありその中の1所帯が鯛生にある。中津江村で一番多い『あらけ』は武原氏で、中津江村田の口に8所帯が集中している。武原氏は江戸時代には高原と記し、明治時代になってから武原になっている。福岡県八女郡矢部村竹原を名字の地と伝える。最も年号の古い寛永2年（1625）が初代の助右衛門で、助右衛門の田の口来住は慶長16年（1611）と伝える。

　『あらけ』の裏に土んこ（川）という出水があり飲料水の便の良い位置にある。『あらけ』より高いところに屋敷を造ってはならないと伝え、『あらけ』の家柄の高さは現在も守られている。」

　中津江村の「あらけ」武原氏は、矢部村竹原から移住して田の口一帯の田畑の開発に努め、高い地位に立つ身分になったということが読み取れる。「竹原－高原－武原」は読み方によって同じ読み方が出来る。

　地位の向上に伴って、改姓していったのではないかと思われる。このようなことから「あらけ」の屋号の家は、田畑の開発者、百姓の先がけ、庄屋の下裁き等として高い家格をもった存在であったことが伺える。

　竹原の「あらけ」は郷原久家であった。久氏は転出されて、屋敷跡が田圃として残されているが、ここが竹原集落の中心であったと考えられる。竹原の「あらけ」も、中津江村の武原氏と同じような性格の家柄であったと解すると、郷原一族は「あらけ」として、竹原の土地開発に大きな役割を果たしてきたものと思われる。郷原姓は、矢部村の中でも竹原に集中していることからもこのことが伺える。

　「あらけ」は竹原の他に栗原の栗原久成氏、中間の関つや子氏があることがわかった。両者とも、集落内では家格が高い家柄として認められていたという。この両家の祖先もまた、その地域開発の先がけとして活躍していたと推測される。

（2）後征西将軍宮良成親王と竹原

竹原で「もとえ、そねさき、かじや、こうら、こうじ、たのうえ」等の屋号は、全て若杉姓である。竹原では若杉姓が半数以上を占める。「もとえ」は、第8代村長を務められた若杉繁喜氏であるが、今はすでに故人になられた。そういうこともあって、「そねさき」の屋号をもつ若杉信嘉氏の話に注目した。信嘉さんは当家第12代目である、ということに注目したのである。

位牌などの証拠になるものがないので、先祖をどこまで遡れるか分からないが、古い家系であることは確かである。そこで、村内で5代続いている家の確かな家系を参考に、若杉家がどれくらい遡れるか推測してみた。その結果、初代は500年以上前くらいにはなるのではないかと推測できる。

また、信嘉さんの家には5枚一組の古い柄鏡が保存されている。そしてこの柄鏡は、良成親王と関係があると代々言い伝えられてきたというが、その謂れははっきりしなかった。ただ500年以上前、良成親王との関係となると、南北朝末期、懐良親王亡き後の良成親王の時代に相当することになる。

写真64　若杉家所蔵の柄鏡

南北朝時代末期という目安で、戦乱に関係ありそうな屋号「いばのもと、おおぎのもと」の2つの屋号に注目した。

「いばのもと」は、矢を射る場所を意味する屋号で江田輝雄さんの家、一方の「おおぎのもと」は扇の的を意味する屋号で、坂田時男さんの家である。両者とも屋号の謂れをこのように説明されるから確かである。両家とも集落の最上部にあって、その間が約100m離れている。江田さんの屋敷に立って、坂田さんの家の扇の的をめがけて矢を射るには丁度良

い距離である。

　かつては、ここで弓矢の訓練をしていたのではないだろうか。何のための訓練か、もしかすると狩猟のためかもしれないがこの想定は弱い。やはり、戦争のための訓練ではなかったろうか。この時代、南北朝の合一後の時代ではあったが、九州ではまだ戦乱が続いていた。戦いに備えての訓練に励んでいたということは十分考えられる。

　ここまで考えていた時、竹原天満宮の正月の注連縄づくりがあるということを聞き、情報収集かたがた参加した。この時、郷原幸一郎さん（75歳）から思いがけない話を聞くことが出来た。これを次に示す。

　「竹原は南北朝争乱の時一時戦場になったことがある。『いばのもと、おおぎのもと』という屋号は、その当時の竹原の状況をしめす屋号である。また郷原一族、若杉一族の祖は良成親王が西下される時、親王に供奉してきた人たちで、その後竹原に定住し外敵を防ぐという使命を担ってきたものである。親王に供奉してきた人たちのうち、一部の人たちは大杣の地に定住し、親王を直接守る任に当たった。

　また、『しゅく』という屋号があるのは、山伏たちが宿泊した所で、月足雅宜さんの家である。山伏たちはそのお礼に「ほら貝2個」を残していった。ほら貝は公民館に保管されている。集落の行事があるときなど、このほら貝を吹いて集落全体に知らせていた。

　その後、阿蘇の行者さんがわざわざここに見えて、かつて寄贈していたほら貝を見に来られたことがあった。これらのことは、うちの先祖代々言い伝えられてきたことである」

　信嘉さんの家系から考えられる500年以上前の矢部、幸一郎さんの竹原一時戦場説、弓矢の訓練説などをもとにこれらの事象に該当する史実はないか矢部村誌を調べてみた。次の2つがこれに該当しそうである。

・元中8年（1391）大友軍は津江、矢部に侵入し激戦の末五条良量、
　木屋行実によって撃退される。
・応永2年（1395）大友軍矢部を攻め撃退する。良成親王五条良量の
　勲功を賞され感状をたもう。
　　　　　　　　　　　　　　　　　　　　　　　　（在所・大杣）

　大友軍とは豊後大友氏の軍勢である。津江から矢部竹原に侵入してき
たものと思われる。2度にわたって侵入してきたが、五条良量を将とす
る良成親王軍に撃退された。竹原住民も親王を守護して、大いに奮戦し
たに違いない。この戦で普段の弓矢の訓練が大いに貢献した。
　ここで、良成親王を守護するために、かつて五条氏が構築していた戦
略が浮かび上がってくる。五条氏は矢部領有の当初から、豊後大友氏に
対する守りとして、豊後境に位置する山口、竹原、大杣（御側）に夫々
家臣を配置し防衛の任に当たらせていた。
　山口には栗原氏・山口氏、竹原には郷原氏・若杉氏、大杣には堀口（山口）
氏・轟氏を中心とした家臣を配置し、防衛ラインを構築していた。竹原
はこの防衛ラインの一画であり、郷原氏・若杉氏を中心とする家臣たち
が激しく抵抗して撃退することが出来て、五条氏の期待によく応えたと
いうことではなかったか。この任を果たすために弓矢の訓練に励み、食
料の備蓄など、いざという時に備えていたものと思われる。激戦の末大
友軍を撃退できたのは、生活のための生産活動に、戦のための訓練にと
普段の構えが出来ていたからであったろう。

（3）阿蘇修験行者の竹原宿泊

　先の郷原幸一郎さんの話にあるように、「しゅく」という屋号は、阿
蘇修験行者が峰入り修行の途中、竹原・月足雅宜さんの家を中心に宿泊
したことによって付いた屋号である。行者の一団は40名前後だったと
いうから、竹原全体に分宿していたものと思われる。そのお礼にほら貝
を寄贈していった。竹原に宿泊したという史実は、『日本歴史地名体系・

熊本県』と、『熊本県菊池市史・阿蘇修験道』に示されている。ほんの
関係ある部分だけを抜き出して引用する。

・記録として残る最初の峰入りは元和 2 年（1616）である。
・ 7 月 29 日坊中出立……釈迦嶽…御前嶽……35 日間、全行程 60 里、
　人数は大体 40 名前後
・文化 14 年（1817）の修行行程表による日程
　7 月 28 日出立…8 月 13 日岩屋（矢部村神窟）・石川内（矢部村）・宿泊
　　　　　　　8 月 14 日竹原（矢部村）〜 8 月 15 日竹原（矢部村）
　　　　　　　滞在・法事・宿泊
・40 〜 50 人の山伏が装束に身を固め、集団でほら貝を吹き、読経や
　秘技を行っていた。沿線の集落が酒迎えをしてその労をねぎらうと
　共に護摩札を受け取り夫々の地に奉納されていた。
・通過する周辺の村としても期待し歓待した。同時に多大な負担もあっ
　た。

　文献中関係ある文言だけを抜き出して引用したが、竹原に 2 泊し住民
から酒食の歓待を受けながら宗教的予祝行事、住民の健康、安全に関
する日常生活上の問題など、いろいろ影響を与えていたものと思われ

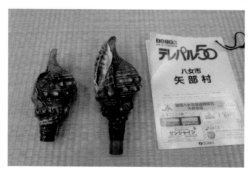

写真 65　山伏が寄贈したほら貝　　　　写真 66　ほら貝を吹いて常会を知
　　　　　　　　　　　　　　　　　　　　　　　らせる江田さん

る。竹原天満宮の正月の飾付などは、行者からの伝授によるものと思われる。

　矢部の歴史の中で、竹原は、なかなか表面に現れることがなかった。特に古代から中世にかけての史実を確認することができず、歴史の空白さえ感じていたが、今回、竹原の屋号を手掛かりに、古い時代の竹原を探ることが出来た。竹原も古い時代から、人々が住み着き、田畑の開発が行われていたことを確かめることが出来たと思っている。

　竹原でもう一つ見落としてならないのは、鯛生金山との関係である。このことは、改めて次に項を起こして考えていくことにする。

2　鯛生金山の盛衰

　竹原集落の人たちは、鯛生金山が開鉱するまで、この付近一帯の開発や林業、木炭の生産などをしながら平穏な生活を送っていたのではないかと思われる。この集落が急に賑やかになるのは、鯛生金山が開鉱してからのことであろう。金山に付随する施設が出来たり、金山従業員の人たちが移住してきたりして、それまでの生活風景が著しく変化してきた。

　鯛生の金鉱石の発見者には諸説があるが、ここでは田島勝太郎説をとっておきたい。田島勝太郎は、明治30年代、熊本第5高等学校の学生であった。田島勝太郎は暑中休暇の宿題として、近辺の岩石を採集して岩石標本を提出した。これを、地質鉱物専門の担当教官であった篠本二郎先生が、この標本の中に金鉱石があることを見出し、これがきっかけで金鉱石の発見につながったというのである。

　田島勝太郎は、東京大学を卒業後、商工政務次官を務めた人である。父親は田島儀市といい、鯛生一帯の広大な山林の所有者で、この地方きっての資産家であった。このような事情もあって、当初金山の開発、金山鉱業の経営には、田島親子は深く関わってきた。

　鯛生金山は明治31年、鯛生野鉱山として出発した。田島儀市と南郷

徳之助、その他数名の共同出資によるものである。鯛生は九州山地の深い山間にあり、交通不便の地である。そこで、道路の整備が当初の急務であった。田島儀市はまずこのことに努力を集中した。

　資材や製品の運搬ルートとして、日田ルートと八女ルートが考えられた。地形や既設の交通網から、八女ルートを整備することに決した。即ち、鯛生～竹原～宮ノ尾～黒木～羽犬塚というルートである。明治26年には羽犬塚、矢部間は県道として整備されていたので、残る鯛生～竹原～宮ノ尾間を、車が通る道路にしようというのが田島儀市の構想であった。

　田島は、鯛生～竹原間の道路開削費として、その全額3,500円を寄付し、これに当てた。竹原～宮ノ尾間の開削費は、田島ほか18名の寄付4,000円と中津江村からの支出3,000円、合計7,000円を八女郡側に寄付することによって道路整備を要請した。このようにして金山関係の物資輸送路は、羽犬塚～黒木～宮ノ尾～竹原～鯛生というルートが出来上がったのである。このため、宮ノ尾、黒木、羽犬塚には運送関係の事務所が設けられた。

　鯛生野鉱業として操業を開始した当初は、ほとんど原始的な人力操業であったが、明治44年鯛生に水力発電所が建設され、施設設備が機械化されていくにつれ、人力操業から徐々に脱却していく。それに伴って金生産高も増大し、活況を呈するようになっていった。しかし大正3年、第1次世界大戦の勃発によって一時期低迷する時期があった。

　大正7年、経営者がH・ハンターに代わり、資本金100万円の鯛生金山株式会社として発足する。ハンターは外国人技師を招いたり、近代的な削岩機、火薬、竪坑エレベーター、撰鉱場、製錬所、水力発電所など最新の設備を導入し、規模拡大を図った。新しい鉱脈の発見や近代的な設備と相俟って、金生産高も飛躍的に大きくなり、鯛生金山は一躍有名になった。ハンターの経営は大正13年までの約7年間であった。

　大正14年、金山の経営者は木村鐐之助に代わる。木村はハンターの経営を踏襲し、施設設備の充実拡大に努め、金生産高をさらに高めつ

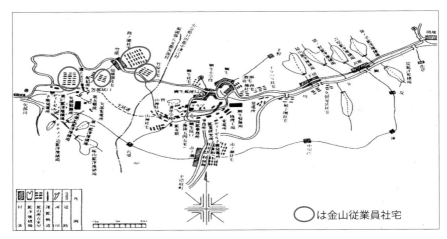

図7　昭和14年頃の鯛生鉱山略図（鯛生金山史より）

つ、東洋一の金山への地歩を固め
ていった。しかし道半ばにして昭
和11年に死去する。

　木村鑛之助の後は、長男の貞造
が継ぎ、社名を鯛生産業株式会社
と改称し、1,000万円に増資、更
に翌昭和12年2,000万円に増資し
て経営の拡大、充実に努めた。こ
の当時の年間の金生産高は2.3ト

写真67　当時の矢部製錬所

ンに達し、名実ともに東洋一の金山に成長した。この昭和10年代が金
山の全盛期で、最も活況に満ちた時代であった。これを象徴するように
「ゼロ戦鯛生金山号」1機、そして「艦上戦闘機鯛生金山号」1機を国
に献納している。2機とも会社と従業員の寄付によるものであった。

　鉱脈の掘削は、鯛生側より竪坑を作りながら矢部方向に進み、昭和8
年頃には矢部・八知山に第5竪坑が出来た。そして鯛生と矢部を結ぶ主
坑道が矢部・八知山に口をあける。これによって鯛生と矢部とが延長3

kmの坑道トンネルで結ばれることになった。これに伴い竹原、八知山に、矢部製錬所、火力発電所、変電所、インクライン、コンプレッサー、従業員社宅などが次々に建設され、更に病院、売店、配給所、映画館、グラウンド等も出来た。竹原一帯が最も賑わったのはこの時代である。そしてこのような金山の盛況は、日本が太平洋戦争に突入するまで続く。

　昭和18年「金鉱業整備令」が公布されると、鯛生金山は保坑鉱山として終戦後まで操業活動を休止し、保坑要員を若干名残すのみとなった。従業員の大多数は、国内の炭坑や別の鉱山に配置転換されていった。戦争が拡大するにつれて、朝鮮や南方に派遣される従業員も多数いた。フィリピンに派遣された人たちの中には、目的地に着く前に船が撃沈されて命を落とした人たちも沢山いた。金山盛況の裏には、このような悲惨な出来事もあったのである。

　戦後昭和31年、日新鉱業と住友金属鉱山の共同出資によって資本金7,500万円で鯛生鉱業株式会社が発足する。翌32年には、資本金1億1千万円に増資し、より近代化した新プラント等の導入によって本格的な操業になる。施設はオートマ化・省力化されることによって、従業員も270名と以前の10分の1以下になる。しかし、金鉱脈の涸渇、金鉱石の質の低下などによって全盛期の生産高には及ばず、かつての水準まで回復することは出来なかった。次第に資金繰りが難しくなり、赤字経営に陥り、ついに昭和45年には休山に追い込まれ、昭和47年に完全に閉山のやむなきに至ったのである。

　このように鯛生金山の歴史を振り返ってみると、明治30年代初期に鯛生～竹原間の道路が整備されて以来、竹原と鯛生との関係は徐々に緊密になっていき、金山が閉山する昭和47年までの約70年間その関係は続くが、竹原が鯛生金山に最も深く関係したのは、大正期から昭和初期にかけての約30年間で、以後その関係は次第に薄れていった。では鯛生金山の盛衰は、竹原に具体的にどのような影響を与えたであろうか、このことを少し考察してみたい。

3　鯛生金山の盛衰と竹原

　鯛生金山の盛衰は、竹原の住民の生活様式に大きな影響を与えた。大正から昭和にかけて金山の操業が活況を呈するようになるにつれて、竹原の住民で金山で働く人たちの数も次第に増えていった。男性はそれまで農林業や木炭の生産を主とした生活から金山の従業員として働くようになり、女性が農業を担うという一種の分業的な生活様式が定着していった。このような生活形態の変化は、坑内労働の危険性は感じながらも、金山勤務によって身近に現金収入が得られるという魅力があったからであろう。

　竹原には戸数にして 400 戸の長屋住宅が立ち並んでいた。仮に 1 戸に平均 2 人入居していたとして 800 人になる。もしかしたら、1,000 人近い人たちがあの狭い山間に暮らしていたかも知れない。これらの人たちの生活を支えるために、いろいろな商店ができる、病院ができる、映画館やグラウンドなどの娯楽施設や福利厚生施設ができた。また、暗いランプ生活から明るい電灯生活が営まれるようになった。矢部では竹原が一番早く電灯がともったそうである。鯛生ほどではなかったにしても、この当時竹原の道路には街灯が灯り、さながら鉱山町の様相を呈していたのではないかと想像する。

　竹原には「夜学会」の記録が残されている。好学の青年たちが、自主的に学習会を開いて学習した記録である。「社会の進運は青年の自覚と教養を要求している。よって竹原青年会を結成する」という主旨で、会則第 7 条に基づいて夜学会が開講されている。大正 2 年 10 月のことである。小田直次郎、小田慶蔵、姫野収、若杉重蔵など 14 人が集まり、緒方氏の住宅を借りて学習会が始められた。

　竹原青年会の結成には、八女教学の祖と言われる江碕済の矢部塾開講が大きな影響を与えていると思われる。また一方では、鯛生金山の盛況に刺激された面もあったであろう。竹原青年会の夜学会は盛んで、当時

村内外の注目の的であったと言われている。

　ここで、金山が盛況であった時分の、竹原の人たちの生活の様子を少しばかり垣間見てみたい。竹原で最高齢の3人の方に語ってもらったが、竹原全体の様子というより、3人の方々の生活歴、当時の思い出話になったきらいは否めない。3人の方々とは、江田輝雄さん、若杉泰雄さん、若杉繁喜さんである。但し、若杉繁喜さんは、第8代矢部村村長をなさった方であるがすでに故人である。しかし生前、人生史サー

写真68　夜学会誌

クル会誌『黄櫨』第3号に寄稿されていた「鯛生金山全盛期時代の子どもたち」という一文は、子どもたちの日々の生活の様子だけでなく、竹原住民の生活の様子もうかがうことができるので、全文そのまま引用させてもらった。

○江田輝雄さん（昭和3年生まれ・現在91歳）

　竹原には江田姓が3軒あった。竹原の江田姓は五条氏関係の江田姓とは系統がすこし違うように思う。むしろ、中津江村や前津江村に多い江田姓系統との関係の方が強いのではないかと思ってきた。ただ、鯛生では「エダ」と呼ばないで「コウダ」と呼んでいる。

　小学校は昭和15年高巣小学校卒業、同級生は37名であった。学校帰りに金山のトラックに後ろからこっそりと乗り込み、バナナを頂戴して食べたこと。あの頃バナナといえば、普通の人の口には入らない超高級な果物だったからのう、金山のおかげです。

　昭和16年、高等科に進むとき矢部の大火があって、矢部小学校が全焼した。それで高等科1年生は荘厳寺で、2年生は善正寺での勉強であった。

　卒業した後は、農業や林業の手伝いをしていた。炭焼きをしていると勤労動員を免除されるというので炭焼きもした。また勤労報国隊として

北九州で2カ月ほど働いた。この時の隊長さんが栗原道夫さんであった。
　終戦後、金山が再開されたので、金山に勤めるようになった。仕事（任務）は主に坑内での合図係であった。竪坑で掘削された鉱石や、いろいろな物資をエレベーターで上げ下げするとき、うまく運行するように合図する仕事である。竪坑は5本あって、深さは800尺と言われていた。勤務時間は朝8時から夕方5時まで。5年間働いたが、通勤は鯛生側で働くときは峠越えで歩いて往復した。
　会社の社宅の竹原社宅には独身寮があって、食堂もついていた。竹原には食料品店や雑貨店、床屋さん等があって賑やかだった。八知山の坑口近くには映画館もあってよく映画見に行った。
　社宅の入居者は戦前のように多くはなかった。空いているところもあった。社宅の人達とは特にトラブルはなかった。お互いに助け合って仲良く生活できていたように思う。
　近所の人たちが家（江田さんの家）を呼ぶときは、「イバノモト」と呼んでいた。謂れはよくわからないが、昔、弓矢を射た所、という意味ではないかと思っているが、古い時代のことでよくわからない。

　○若杉泰雄さん（昭和6年生まれ・現在88歳）
　父は鯛生金山に勤めていたが、自分が3歳の時、鹿児島県大口鉱山に転勤になったので、家族そろって大口に移住した。それから小学校3年生になるまでの6年間大口で過ごし、昭和15年竹原に帰ってきた。その後、父は朝鮮に転勤を命じられて単身赴任した。朝鮮半島の山谷鉱山では、主に測量の仕事をしていたようである。終戦とともに無事帰ってきたが、81歳で亡くなった。
　戦後しばらく山林の仕事や、金山に坑木を納める仕事をしていたが、金山再開と共に、昭和32年から13年間金山に勤めた。金山では主に火薬係であった。火薬取り扱いの資格を取得し、鯛生火薬庫の管理や掘削現場への火薬の運搬、受け渡しの仕事であった。金山閉山後は出稼ぎで

働いた。福岡に本店がある建材店の仕事で、久留米や熊本までの建材の運搬が仕事であった。

　金山社宅の長屋はよく覚えていないが、1棟当たり数戸から数十戸くらいではなかったかと思う。各棟とも一番端に共同炊事場、共同風呂があった。1戸当たりの広さは、6畳一間と3畳の台所がついていて、入り口近くに「くど（かまど）」があった。

　第5竪坑からの排水は、虎伏木の東幸男さん方の近くに排水口が開いていた。排水管は人が這えるくらいの大きさで、一度この排水管の中を第5竪坑まで這って上ったことがあった。

　三倉にも金山があった。星野境近くまで掘り進んだようだが、金鉱脈に出会うことはなかったようである。

○矢部村第8代村長・若杉繁喜氏遺稿「鯛生金山全盛期時代の子供たち」
　年のせいかゆとりが出来たのか、最近小学校6年間が懐かしく蘇る。当時の私の家は、3夫婦同居で、大人8名、子供12名の家族であった。現在と違って交通の便は悪く、物も少なく、魚も塩サバ、塩イワシ位で、男は現金収入、女は自家消費の食糧づくり、祖母等が衣類の繕い、年上の兄姉が下の弟妹の守といった役割分担がどこの家でも習わしであった。

　私の家でも父と叔父が鯛生金山に勤め、母、叔母たちが田畑の仕事、祖母が子供の衣類の繕い、私達子供が幼児の守であったが、姉2人はたいがい炊事の手伝いで、オムツ替えを伴う一番いやな子守を言い付けられることが多かった。

　20名の家族であるから、朝食は大人がすんでから子供で、我先に食べようとする者、目覚めが悪くだだをこねる者、叱られる、叩かれる、泣く笑うの賑やかな朝食であった。

　私は昭和5年4月、矢部村高巣小学校へ男10名、女6名の16名が入学し、昭和11年3月、3名加わって19名が卒業した。

　昭和初期といえば、「大学は出たけれど」の言葉が流行した大変不況であったらしいが、鯛生金山は年々金の産出が増え、近代的な技術と設備が導入され、昭和10年頃には東洋一を誇る金山となった。

　鯛生金山の資材は、殆ど羽犬塚駅より馬車やトラックで運ばれたが、昭和5年頃よりトラックが主になったと思う。当時のトラックは1屯か2屯で、柴庵から竹原峠まで勾配がひどく、舗装もないときで、時速8粁以下であったと憶測する。

　資材運搬の悪条件を改めるため、鯛生と矢部を結ぶ主坑道工事が始まった。金鉱脈が4つあって新しい鉱脈が福岡、大分境下にあり、昭和8年8月に開通した。

　工事が始まると、コンプレッサー、火力発電所、変電所、社宅などが次から次へ出来、私達の通学路周辺は大きく変貌し、それに伴い私達の遊びも従来の遊びと大きく変わった。例えばトロッコとか、工事に使われる器具を使っての遊びへ変わり、私達子供を取り巻く環境も大きく変化し、小学校へ通った6年間が私にとってもっとも多岐にわたって体験した期間であったろうと思う。

　思えば家では、子供12名の誰が兄弟か見当もつかない年上の者へ、アンチャン、アンシャンと呼ぶ子供集団生活の中で食べることと、遊ぶことしか考えない子供どうしが、子供なりに意思を通そうとする工夫と努力。

　学校帰りに上級生をまね、トラックの尻につかまって走り手を離すと足を取られて転んで怪我をしたり、上級生が野口トラック（生活用品を鯛生金山配給部へ運ぶトラック）へ後ろから乗り、食べ物を杉林へ投げ落とすのを、おすそ分けを楽しみに拾い集めたり、3年生頃からはトンネル工事が始まり同級生8名でトロッコを押したり、坑木（坑内の落石を防ぐために使う松丸太）を積んで押したり、脱線すると坑木をテコに使ってレールに上げたり、道具小屋より鋸や斧を持ち出し、切ったりけずったり、特にギムネで大小の穴をあけて、ボルトで組み立ててみたり

しているうちに、今度はトロッコを10台くらい引っぱってくる。

　バッテリーで動く電車が突然現れると、この電車を操作するのをおぼえ、運転手の目を盗んで動かして叱られたり、叩かれたり、次にジーゼルエンジンの牽引車が現れる。線路わきに野積みしてある鉄や銅を盗んで地金屋さんに売って（雑のう一ぱいの鉄で8銭位、銅が15銭位）菓子やパチコマを買ったり、時にはサバや赤貝の缶詰めを買って弁当のおかず（漬物梅干し）取り換えといったしゃれたこともした。

　次第に道草が派手になり、帰りがおそくなると、親と先生が連絡し合って学校でコッピドク叱られ、叩かれたりしたが、なかでもバケツの三分の一くらい水を入れて、頭の上に上げて立たされると身にこたえたものである。但し、叱られた後で坑口の状況を私達に詳しく聞き、学校が終わって、叩かれた生徒が叩いた先生を案内という珍妙なこともあった。

　冠婚葬祭などで集まった時や、同窓会等で年を重ねる毎に、当時を偲びながら話題が小学校の6年間、そして当時より叱り叩かれた先生、坑口でいたずらした時に厳しく叱った人達程懐かしい話題の中心になるのは感謝の表れであろう。

　私達が5年生の夏電灯がつき、ランプの薄暗い夜から昼のように明るい夜にかわったあの明るさは、今でも昨日のように記憶に新しい。

　近くに社宅も出来、母や叔母たちも社宅の人達と親しくなり、野良仕事の加勢や、幼児の守をしてくれる人も出来、私達の役割も緩和し、親たちからの言い付けや叱られることも少なくなったように思う。

　小学校6年間、先生、親、そして金山に勤めて矢部坑口付近で働いていた方々の、私達子供に対する寛大さと厳しさによって、言葉に表現できない程の体験をさせていただいたことに深く感謝している。

4　鯛生金山閉山後の竹原

　戦後復活した鯛生金山は、復活したとは言うものの以前の活況を再現

するまでには至らなかった。むしろ徐々に低調化していったという方がいいかもしれない。昭和23年生まれの田島冨士雄さんは「自分が少年時代（昭和30年代後半であろうか）にはもう社宅はなかった。社宅を見た記憶はない」と話されるから、昭和30年頃には竹原地域にあった施設などは、すっかり撤収されていたように思われる。

金山閉山後、会社は鯛生側の主な施設等は、土地を含めて中津江村に寄贈した。中津江村はこれを「鯛生地底博物館」として保存し、観光化した。今では中津江村唯一の観光地となって賑わっている。

竹原側では観光化するに値するだけの施設や土地はなく、施設は撤収され土地は元の地権者に返還された。返還された土地の利用は元の地権者の考えにまかされたのである。

建設されていた施設のうち火力発電所、変電所、インクライン、コンプレッサー等の跡地は杉などの植林になっており、鉱滓堆積場は埋め戻されて叢になっている。金山の遺跡としてその跡をたどれるのは矢部製錬所跡の石垣が杉林の中にわずかにその姿を留めていること、そして矢部坑口が元の姿のまま寂しげに佇んでいることくらいであろうか。矢部坑口は頑丈な石組で築かれていて、坑口の正面には中国の古典「伝習館」からとった、「垂楊萬萬篠」の堂々とした刻銘が往時の盛況を物語っている。坑口の前に立って坑内をうかがうと、削岩機の力強い音が聞こえそうな錯覚に襲われる。坑口から少し奥に第5竪坑があったそうである。間口6畳の大きな穴が地中深く590mに達していたという。坑口の標高が540mであるから、第5竪

写真69　矢部抗口

坑の底は海面より更に深いところに達していたことになろう。こんな深いところでの作業はかなり過酷な労働であったろう。鯛生金山の全期間を通じての殉職者は、134人であったと金山史は伝える。この中に矢部の人も含まれているだろうか。鯛生に慰霊碑が建立されている。

5　竹原の棚田

　鯛生金山の遺跡ともいえる社宅跡地は、きれいに整備され、整然とした棚田に姿を変えている。

　社宅は前述のように4カ所に分散して建設されていた。いずれの社宅地も元は棚田であったところを造成しなおして、社宅地にしたものである。元の棚田は地形に合わせて拓かれたものであったから、細長く、曲線型畔畔の棚田が段を重ねていたであろう。このような棚田を会社は金山鉱業の機械・技術を駆使し、長屋形式の社宅設計図に合わせて造成したものと思われる。従って社宅地も一律にきちんとした長方形の宅地に改造した。また、社宅住民の生活に必要な生活道路及び生活用水、排水への配慮も同時に行われた。傾斜地の住宅であるので生活道路は全て石畳であったという。

　返還された社宅跡地の地権者は、これをどう利用したらよいか、いろいろ考えをめぐらしたであろう。だが、終戦後日本社会が直面していた問題は食料難の克服であり、そのための水田の開発が急務であった。おそらく竹原も同じ状況ではなかったかと思われる。

　従って、跡地は「水田にしよう・お米を作ろう」ということに即座に決したに違いない。地権者たちは個々にほとんど手作業で棚田造りに励んだ。造成作業は水漏れ防止、耕土づくりが主であった。こうして長方形に区画された見事な棚田が出来上がったのである。これが昭和30年前後ではないかと思われる。

　このようにして社宅跡地は棚田に還った。しかし、棚田の形状は以前

写真 70 上空から見た竹原の棚田（色枠部分が社宅があったところ）

とは著しく形状を変えたものになった。以前の曲線型畦畔の棚田から、直線型畦畔の棚田になったのである。これは別の言い方で言うと、耕地整理をした格好になったのであり、結果的には会社から耕地整理をしてもらったということになったとも言えよう。水利、灌漑の面でも、また耕作道路の面でも以前よりずっと便利になった。長方形に区画された棚田は、現代の機械化農業に十分適応できる棚田に改良された。だから棚田の耕地整理が行われたのは、竹原が日本で一番早かったかも知れない。これは金山の恩恵と言えようか。そこでこの4カ所の棚田の現状を具体的に見てみよう。

（1）竹原社宅棚田

竹原集落の中を東西に走る旧国道沿いの山寄りになる。ここには飯場や独身寮があったところで面積は小さい。元の社宅が1軒家に姿を変えて残っており、国道沿いは主に地元の人の住宅に、それ以外は棚田として1反ぐらい、日常の野菜畑として1反ぐらい、というような利用の仕方になっている。東の端に細い流れがあり、社宅時代の狭い道路が西の端に残っている。竹原の中心部であるからこのような跡地利用になったのであろう。

（2）段の園社宅棚田

竹原老松天満宮の背面から、山の斜面上方に向かって展開する大小20枚くらいの整然とした棚田群である。竹原全体の棚田群の中で整然と区画された段の園棚田は一際目立つ存在である。

総面積は約2町歩余り、社宅跡地の棚田ではここが一番広い。猿駆山の山腹からの湧水が、棚田群の中央を谷川となって流れており、この一帯が竹原川の水源地である。棚田はこの谷川の水によって潤されている。各棚田の石垣の根元には、社宅時代の排水溝が築かれていたので、これが今では灌漑水路として役立っている。この排水溝をよく見ると、石垣の根元から常時水がしみ出ていて、冬期でも涸れることがないというから、

写真71　段の園社宅棚田

猿駈山の山体はその地下に豊富な地下水を蔵しているものと推測される。

　棚田の畦畔は、下部が石垣でその上部は土坡になっている。段の園棚田の畦畔は全てこの方式である。石積の石が不足したからであろうか。棚田群の一番下段部は傾斜1/14程度であるが、上段部になるほど傾斜は急になり約1/6位になる。

　耕作道路は棚田群の両端と中央谷川に沿って2本、道幅は約3m余りあり、軽トラックがゆうに通れるので、耕作労働の軽減に役立っている。

　現在水田稲作されている棚田は、全体の2/3位であろう。残りはお茶栽培、野菜の栽培、花卉園芸などとして利用されているが、水利の関係からであろうか、また高齢化や後継者不足も関係しているだろう、上段部に荒廃している棚田が若干見える。

（3）仙頭畑社宅棚田

　仙頭畑社宅棚田は、竹原集落から約1km下った八知山矢部坑口に近いところに在る。竹原川沿いにかつて開かれていた棚田が、金山時代に一時期社宅となった所で、金山閉山後、再び棚田が復活したものである。ここには以前細い作道があった。この道が社宅時代に、竹原から柴庵に通じる生活道路に拡幅され、整備されたので、竹原住民、社宅居住者の通行路になり、また子どもたちの通学路にもなっていた。道沿いにはコンクリートの側溝があり、かつての排水路であったものが、棚田復元後は灌漑水路の役割を果たしていた。

　ここは山腹の傾斜がとても急で、棚田耕作にとっては大変厳しい条件にある。そういうこともあってと思われるが、現在耕作されている棚田はごく一部で、ほとんど杉の植林になっている。杉林の中に棚田の名残を残す石垣が見えるが、棚田の全体像をつかむことは困難であった。

（4）瀧ノ上社宅棚田

　八知山矢部坑口のすぐ前を細い谷が流れている。もとはこの谷筋に

拓かれていた棚田が、金山時代
一時社宅になっていたところで、
金山閉山後、再びもとの棚田に
再生されたところである。この
棚田群の一番下の部分は、ごく
小さな棚田が数枚、杉の林の中
に石垣を残すのみで荒廃してい
るが、このことは社宅になる前
に、瀧ノ上には棚田がすでに拓
かれていたことを物語っている。

写真72　瀧ノ上社宅棚田

　瀧ノ上社宅棚田は、例の社宅
棚田のように長方形に区画され
た棚田になっていて、見事な棚田景観を呈している。谷は二筋に分かれ
ていて、棚田群の両端を流れている。棚田の灌漑は、この谷からの引水
による。棚田群を2分するように、中央に農道が縦断している。道幅3
m余りのコンクリート舗装の農道である。社宅時代は石畳の立派な道
であったという。軽トラックは最上部まで楽に通れる。棚田が復活して
しばらく、最上部には住宅があって、棚田耕作に従事していたというこ
とである。ここの道もまた仙頭畑と同じように、かつては竹原と柴庵を
結ぶ生活道路であり、子どもたちの通学路でもあった。

　瀧ノ上は山腹の傾斜がとても急で、平均すると斜度1/4にもなる。社
宅以前の棚田は、細い曲線型畦畔の棚田が数十段も重なっていたのでは
ないかと想像する。それが今は十数段に耕地整理されている。畦畔は
全て石垣で、段高は3m余りと高く、石垣の根元には必ず側溝がある。
棚田の横幅はほぼ15mくらいとそろっているから面白い。こんな山間
では、段の園社宅棚田と同じように、めったに見られない棚田景観であ
る。これが社宅棚田の魅力である。

6　竹原集落の変遷

　ここに 3 葉の写真を提供してもらったので、これを基に竹原集落の約 60 年間の変化を見てみたい。

　写真 73 は昭和 30 年代（1955 〜 1960 年）のものである。どの年号か分からないが、一応昭和 35 年頃のものとして見ておきたい。以下特定の位置をいう時は、竹原老松天満宮を基準に示すことにする。

　この写真を見ると、全家屋とも茅葺（麦藁葺？）であることがわかる。中央を走る白い道路が旧国道 442 号である。老松天満宮の上方（北）、荒れ気味に見える部分が段の園社宅があった所で、この時はまだ棚田として整備されていなかったようである。段の園社宅棚田として整備されるのは昭和 30 年代の後半であったと思われる。

写真 73　昭和 30 年代の竹原集落（江田秀博氏提供）

　写真74は郷原幸一郎さん提供の写真で、撮影年月は平成11年（1999）
11月である。写真72から約39年後の竹原ということになる。
　社宅撤収後、段の園社宅棚田としてきれいに整備されていることがわ
かる。写真中右のほうに「もとえ」を示しているが、この「もとえ」の
上方（北）に住宅の塊が見える。ここは、鯛生金山全盛期の頃の竹原社
宅が在った所である。一部棚田になっている部分もあるが、主に住宅地
に変容している。

写真74　平成11年頃の竹原集落（郷原幸一郎氏提供）

　写真75は令和元年（2019）に撮影したものである。写真74から約20年後の竹原の様子を表している。稲穂に揺れる秋の風景である。この風景は棚田が築かれてからの姿をそのまま保っている。古い時代に造成された棚田の形状である。過去いくらか棚田整備が行われたかもしれないが、竹原本来の棚田の姿を留めているように思われる。

　写真73〜75を通してみると、この間約60年を経過している。この間、終戦後の食料難の時期、稲作に汗水流して稲作に励んだ棚田は、今その跡形も見えないように静かに佇んでいる。高度経済成長期を経て、見るからに美しい棚田景観を見せてくれる。過去を知らない者にとっては、あたりまえの景観に見えるだろう。先人の労苦は、歴史を知らぬ者にはそこまでは見えない。

写真75　令和元年の棚田

　まして、米離れの現代の人たちには、かえって重荷に見えるかもしれ
ない。これから先、この美しい竹原の棚田はどうなっていくのだろうと、
ふと思ったりする。南に面した竹原の棚田、太陽の光を存分に吸収し黄
金色に実った稲穂、収穫の秋を迎え、取入れに疲れてひと休み腰を伸ば
す、ふと肥後の山脈が目に入る。自然の美しさにしばし疲れが癒される。
　こんな余裕をもって稲作に励むことが出来たら、何も言うことはない
のだが、とふと現実に立ち返る。

写真 76　昭和 30 年頃の竹原の風景（若杉幸雄氏提供）

竹原老松天満宮と良成親王及び五条氏

　竹原と良成親王との関係を示す直接的な文献は見当たらなかったので、その関係を明確に示すことが出来なかったが、竹原老松天満宮の由緒をたどってみると、その関係がほぼ見えてくる。

　老松天満宮は本来醍醐天皇の祭神であった。従って後醍醐天皇にとっても守護神として、即位に際して祭祀されるはずであった。ところが長い年月の間に、この老松天満宮の所在が不明になっていた。

　征西将軍として勅を受けた懐良親王が九州下降の折、このことが気懸りであったので、高藤九郎源師長を通じて老松天満宮の所在を探索させた。藤九郎は３年間幕尋の末、やっとその所在をつきとめ、宮に報告した。宮は大変感激された。五条氏としては宮の意思を受け、五条家第５代頼経によって矢部宮ノ尾に宮ノ尾老松天満宮を創建した。

　ところが、この老松天満宮の創建には別説がある。それが竹原老松天満宮の存在であり、竹原老松天満宮の建立の方が先であるというのである。

　五条佐馬守藤原頼経の家来立花藤九郎が、京都から３体の天神様を背負って矢部に帰ってきて、１体は矢部高原（竹原）に、１体は大渕の剣持に、１体は津江に祀った。矢部宮ノ尾の老松天満宮のご神体は、洪水の時竹原から流れてこられたのを、中村の人が拾い上げて、現在の宮ノ尾に祀ったというのである。従って、竹原老松天満宮の創建が先だというのである。

　ここでは、両説の真偽を問題にするのではない。ただ、この伝承によって竹原住民の祖先と良成親王及び五条氏とが、老松天満宮という祭神を巡って相互に関係しあっていたことが推定されることを銘記しておきたい。

山枳殻・柏木の棚田

　矢部村の南西の隅が標高530mの根引峠である。この峠は分水嶺になっており、この付近の山塊は、矢部柏木川と大渕剣持川の水源地になっている。峠を挟んで柏木川沿いに山枳殻、柏木の2つの集落が在り、剣持川沿いに冬野、高良籠、剣持の3つの集落が在る。これら5つの集落は南北朝争乱に関係して形成された集落で、その形成過程において深いつながりがあり、その当時から1本の道で結ばれていた。

　また冬野から星原峠を南に越えると、肥後来民を経て菊池に至り、南北朝争乱の時代には、菊池－大渕－矢部（肥後－筑後）を結ぶ兵站の道として重要な役割を持った道であった。

　奇しくも後年、この道をたどったと思われる人がいる。日本民俗学の祖と言われる柳田国男がその人である。『柳田国男全集』第一巻（筑摩書房刊）「海南小記・阿遅摩佐の島」の冒頭に次のような一節がある。

　「12年前、私はこの地を通って矢部川の上流に遊び、冬野という村を経て肥後の来民を越えて行き、それから段々と南の国を廻ったことがあります……」

　これは大正12年2月21日夜、久留米市明善中学校での講演録であると後書きに記されている。講演の期日より12年前は明治44年である。この頃柳田国男は、この地（久留米）を通って矢部川上流に遊び、帰りは冬野村を経て来民へ行き、来民から更に南の方へ旅したということになろう。

　矢部川上流がどのあたりかわからないが、矢部川に沿って歩きながら矢部の民俗について踏査したのであろう。そして帰りは根引峠を越えて冬野に至り、更に星原峠を越えて肥後路をたどり、来民、菊池と歩んだ

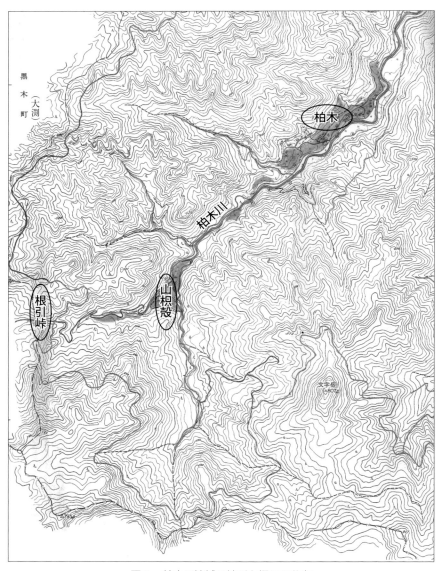

図8　柏木川流域の地形と棚田の分布

のではないかと推測する。

　このように推測するのは、柳田国男が歩んだ道は南北朝争乱時代の兵站の道以外には考えられないこと、また彼は懐良親王・良成親王、そして矢部や菊池等に関する知識は十分持っていたと思われる。何の目的もなく山深い矢部に遊び、肥後路をたどったとは考えにくい。南北朝争乱に関係した民俗的事象を求める旅であったのではないだろうか、記録がないから想像する以外にない。

　しかしこの事実は、矢部の歴史にとって柳田国男は極めて貴重な足跡を残したということになる。以上のような史実をふまえながら山椵殻、柏木の過去を探ってみたい。

○山椵殻・柏木集落の起源

　山椵殻は、昭和30年頃までは、北原氏、高山氏、主計氏、山浦氏など4所帯から成る小さな集落であった。しかし、昭和35年頃には柏木集落に吸収されるような形で消滅した。もともとこの2つの集落は、祖先が共通しているので柏木集落の一部落として存在していた。

　山椵殻は根引峠から2kmほど下った柏木川の源流域で、少し開けた所に在る。ここから更に山間を2kmほど下ると、柏木の集落に至る。この2つの集落の起源をたどると、後述するように北原家、鬼塚家の先祖がこの地の土地開発に最初に着手したことに始まるのではないかと推測する。またこの両家は、冬野及び高良籠の集落と関係しながら土地開発に励み、集落を形成していったのではないかと考えられる。

　山椵殻は現在廃屋を2戸残すのみで、集落としては既に

写真77　旧北原家廃屋

消滅している。矢部村誌にある昭和35年の集落状況の記載によると、集落名は見えない。柏木集落として扱われていたものと思われる。山枳殼の小学校区は飯干小学校である。

　昭和30年代、飯干小学校に勤められていた椎窓陽子氏によると、「山枳殼から北原という女の子が一人、4kmの山道を歩いて通っていました。それで下校するときは、交代で自宅まで送っていました。こんな山間から女の子が一人でと感心し、また驚きました。今では考えられないことです」と当時を半ば懐かしみながら話して下さった。だから、昭和30年代から40年代の頃までは、山枳殼にも住宅はあったのである。椎窓氏の話に出てくる北原さんの家は、今は周りを雑木に覆われているが、在りし日の姿をそのまま留めて残っている。別の1戸は、山浦家（山浦家は柏木に移転）の祖先の家で、元の形を留めたまま残されている。

　山枳殼に北原家があったことは事実であると思われるので、これを確かめるため、現在の廃屋付近の地権者がどうなっているかを調べてみた。八女市役所矢部支所から地権者を示す図面を提供してもらい、これによって調べた。これによると地権者が北原と示されているのが、棚田の6枚とそのほか、廃屋の近くの畑、山林がかなり広い面積であることが分かった。

写真78　山浦家廃屋

　特に、林地のほとんどは杉の植林になっているが、この杉林の中の谷川に沿って、かつて棚田が築かれていた名残の石垣が何枚も認められる。谷からの導水路も残っている。壊れかけた作業小屋もある。また、地目が墓地と記された部分もあっ

た。墓地には薮がひどく茂っていて、分け入ることが困難だったので確かめることは出来なかったが、おそらく北原家の墓地であろう。

　柏木の集落は、柏木川に向かって南にゆるく傾斜する斜面に棚田が階段状に拓かれていて、住宅は棚田を取り囲むように散在している。集落住民の構成を見ると、山浦姓が一番多く6戸、鬼塚姓が4戸、北原姓が2戸、その他、田中姓、石川姓が夫々1戸ずつで、全体で14戸から成っている。近年で最も賑わった時分は、30戸以上あったというから今は半分以下に減っている。

　柏木の調査では、この集落で最年長の山浦光雄氏（88歳）夫妻に話を聞いた。山浦さんによると、この集落で一番古い家柄は北原家、鬼塚家であると言われる。すると、柏木の土地開発及び集落形成の起源は、北原家、鬼塚家の祖先ということになろう。両家とも後年離散が続き、その後を受け継ぐようにして山浦一族が田畑の開発、維持に励み、今日に至っていると推定する。

　古い北原家、鬼塚家で今に残されているものはないかどうか尋ねてみると、山浦氏はそれはお墓くらいのものであろうと言われる。それで鬼塚家の墓地に案内してもらった。集落の一番上に鬼塚氏の廃屋が残されていて、その近くに墓地はあった。納骨堂に納めるために墓は掘り返されていて墓石だけが放置されていたが、墓石の刻銘は摩滅していて読み取れなかった。

　北原家の墓地は集落の一番下の方の川向こうにあった。丈の高い草に覆われていたが、かき分けして見出すことが出来た。大きな立派な墓石と小さな墓石が草薮の中に寂しげに数基並んで立っており、墓石には北原とはっきりした刻銘が読み取れて、北原家の墓地であることを確認することが出来た。

　次に、北原家や鬼塚家が、かつて冬野や高良籠とどんな関係にあったかを調べるために、冬野の佐藤氏を訪ねた。佐藤三郎氏宅には昔からの

写真79　北原家の墓碑

縁戚関係を表した一種の家系図が保存されていた。縦横に関係を表す線が複雑に入り組んでいて、短時間で詳細に関係を把握することは出来なかったが、北原、鬼塚の姓名が関係図の中に認められることを確認する程度にして、どんな関係であるかということまでは深入りしなかった。

　しかしこの家系図から、強く思ったことは、鬼塚、北原両家とも、冬野や高良籠の集落を創った人達と同じ一群（同族と言っていいかも知れない）の人達であろうという感じを強く受けた。冬野が最も賑わった時代には、北原姓、鬼塚姓の家庭も沢山あったと言われるから間違いはないと思われる。このように見てくると、柏木及び山枳殻の集落は、根引峠の向こうにある冬野、高良籠と関係が深い集落であることがわかる。

　○山枳殻の棚田

　冬野から根引峠を越えて1kmほど下った所が山枳殻である。ここは、根引峠一帯を水源地とした谷川と、文字岳（標高807.3m）一帯を水源地とする谷川との合流地点になっている。標高は470mで、2つの谷川に挟まれた尾根が、緩やかに傾斜しながら谷の合流点に向かって舌状に延びた形になっている。棚田はこの舌状に延びた尾根の先端部に拓かれているので、航空写真に観るように棚田全体は逆三角形状に見える。

　棚田の上部は比較的傾斜は急だが、下部は緩やかになっていて、斜度は1/4～1/8である。畦畔は上から3枚は土坡で細長く、面積も大きい。全体が等高線に沿った形で造成され、下部になるほど1枚1枚の面積は小さくなり、畦畔は石積になっている。棚田全体の面積は5反、一部畑作への転用があるが、大部分は稲作として利用されている。灌漑は両側

写真 80　山枳殻の棚田

写真 81　山枳殻の棚田遺跡 1

写真82　山根殻の棚田遺跡2

の谷川からの導水による。

　棚田の右端に見える林道は、杉林の中を流れる谷筋に沿って根引峠に通じているが、この道筋の杉林の中に、かつて棚田であった石垣の跡が数段見える。谷水を利用した棚田稲作が行われていたのであろう。僅かな土地でも水さえ得ることが出来れば、そこに棚田を拓いた祖先の稲作への執着が見える。

　山根殻には、ゲンジボタルの調査で数回来たことがある。人里の昆虫と言われるホタルであるが、人が住んでいた頃はもっとたくさんのホタルが飛び交っていたに違いない。この地に来てホタルの乱舞を見ていると、寂しげな山根殻ではあるが、どこからか人声が聞こえて来そうで、昔の山根殻の人たちのホタル見物の光景が浮かんでくる。

　○柏木の棚田

　柏木川のほぼ中間に展開する棚田で、この流域一帯では最も広く、まとまった棚田群になっている。棚田全体の面積は約2町歩、畦畔は全て

写真83　柏木の棚田

石積、斜度は平均1/8、等高線に沿った形で雛壇状に整然とした景観で、きれいに耕作されている。灌漑は、山腹からの出水と、柏木川に注ぐ小さな谷水を利用していて、柏木川からの導水は意外と少ない。棚田の或る1枚を見ていると、石垣の根元から水がしみ出しているのが見え、それがそのまま水田を灌漑している。

　北原、鬼塚両家の祖先が、柏木の棚田開発に最初に手をつけ、その後を山浦家が受け継いできたのではないかとみているが、北原、鬼塚の一族がどの程度開発していたかはわからない。山浦家の祖先を見るとかなり古い家系のようであるので、開発の起源は北原、鬼塚、山浦の3家がほとんど同時であったとも考えられる。

　山浦光雄氏の記憶にある過去何代かを上げてもらった。祖父までは確かだが、と言って話された。これを現当主山浦光雄氏から遡ってまとめると次のようになる。この家系を見ると、山浦家は長寿の家系であることがわかる。平均寿命人生50年として遡ってみると、優に200年を遡

れそうである。仮に曽曽祖父の山浦清さんから棚田開発に着手されたとすると、柏木の棚田開発の起源は江戸時代の中期になるであろう。これはあくまでも推測である。

現当主　　　山浦光雄（89歳）
父　　　　　山浦郁夫（死亡年齢・90歳）
祖父　　　　山浦卯三郎（死亡年齢・92歳）
曽祖父　　　山浦八郎（死亡年齢・不詳）
曽曽祖父　　山浦清（死亡年齢・不詳）

　実際は、山浦清さんの祖先もあるからもっと遡ることになるが、山浦家はこのように遠い昔から最初は山枳殼に、そして柏木に移って住みつき、田畑の開発に励んできた過去をもって現在に至っている。
　現在見る棚田は、過去何回かの水害時の補修や、耕地整理によって改修されたもので、以前は棚田群の中に住宅が点在していたが、棚田を拡張するために住宅は山手、または周辺部に移動して現在の姿になっているということである。また、家族が増えるとそのままでは生計が維持できないので、分家して他郷に移住していった。しかし転出した人たちの帰郷の見込みはなく、棚田をこのまま残していくのは不可能ではないかと憂慮されている。

　人が生きるための最も基本になるものは食料を得ることである。焼き畑そして本畑による穀物の生産、人力で苦労して拓いた棚田による細々とした稲作等の時代が長く続いたであろう。お米の少し入った稗ごはん、粟ごはん、芋ごはんの毎日、白ごはんは盆と正月だけであった。稗ごはんはまずくて、とてもじゃなかったという声も聞こえた。お米のご飯がほぼ満足に食べられるようになったのは、戦後もずいぶん経ってからであった。冬野には、棚田の耕地整理事業完成の立派な記念碑が立てられ

ているが、これは、稲作への願望がいかに大きかったかを表しているものであろう。

　山間のこの地で稲作で生計を維持することは出来ない。ではどう生きたか。この山間で生計を維持していく資源になるのは山、即ち森林である。かつての兵站の道沿いには、幸いにも天然の原生林が残されていた。この原生林を生きる糧とした林業と木炭の生産にその道を求め、これで当分の生計を維持してきた。その後、杉林の時代になるが、この時分の生活の様子を、山浦光雄さん夫妻の話をもとに再現してみたい。大正から昭和にかけての生活風景であろうか。

　山浦光雄さんは卒寿を迎えた現在、足腰は弱ったと言われながらも乗り物はまだ大丈夫とトラクターを運転し、息子さんの手助けを受けながら稲作に勤しんでおられる。過去森林組合理事や村会議員などを務められ、地域の発展に尽力されてきた方である。妻のチサトさんは剣持の安部家の出で、直木賞作家の安部龍太郎さんの叔母にあたる方である。龍太郎さんを大変誇りにしておられる。二人の馴れ初めは、若い頃の青年団活動にあったらしい。結婚後は働きずくめで現在の産を築かれた。

　大正から昭和にかけての林業は、原生林の伐採が主であった。直径が身の丈ほどもある大木を伐採し、丸太のまま木馬道を人力で引き出したり、また現場で鋸引きして板にして搬出するので、当時はとても高値で取引され喜びは大きかった。

写真84　卒寿を迎えても、なお元気な山浦さん

　天然資源には限界がある。やがて杉の植林に変わっていく。特に戦中、戦後は建築用材や電柱材としての杉材の需要は大きく、林業の全盛時代であった。伐採した杉はシラで落とし、大人も子どもも部落総出で、材木の引き出しに懸命であった。この時分が最も活気があった。

　雑木は木炭材である。冬から春にかけて炭焼きが盛んで、処々方々に炭焼きの煙が立ち昇っていた。中には叩くと金属音が出る高級炭を生産する人もあった。中間から新原秀雄という専門家を招いて、大正窯という特別な窯を造って焼くのである。この炭は大変火持ちがよく、高値で売れた。

　どこの家も牛が飼われていて、これが農耕や林業の動力源であり、また肥料源でもあった。家畜の飼料や堆肥の資材として、早朝の草刈りは欠かせないものであった。家畜の世話は主に子どもの仕事で、子どもはそのほか杉の皮からい、木炭からいとして貴重な労働力であった。

　近くには竹林が多かったのでタケノコ掘り、竹の皮拾いも結構忙しかった。その他、竹は貴重な農業資材であり、またしょうけ等の竹製品の資材でもあるので竹林の手入れも必要であった。

　この時分は、柏木を訪れる人もかなりあった。猟師、樵、商人などで、そのために蓬莱屋という木賃宿が1軒あった。結構、宿屋経営は成り立っていた。このような生活風景は大方戦後まで続いた。

　戦後一時期林業は盛況であったが、その後不振を極めていて、今後の見通しも暗い。林業の不振は、山間に暮らす人々の生活権を奪うことにもなりかねないのが現状のように思える。どのように将来を見通したらよいだろうか、山間の村の再生の道をどこに求めたらよいだろうか。取材中、将来に対する明るく、力強い、希望的な言葉を聞くことはなかった。

上野の棚田

1　矢部における上野棚田開発の意義

　矢部の中心部となっているところが宮ノ尾、中村である。この宮ノ尾、中村の集落の背後に、北方の山地から舌状に延び出しているのが上野丘陵で、矢部の中心集落に近接していて、位置としては矢部一等の耕作地である。だから古い時代から畑地として拓かれていた。

　しかし、畑地を棚田に変えるには近くに水源がなかった。住民の稲作への強い願望にも関わらず、長い間この願いは実現することはなかった。結局この住民の願いが叶ったのは、明治も末になってからである。矢部においてこのような例は、後述する牧曽根の棚田開発、鍋平の棚田開発の場合にも共通する自然環境の故に、機が熟するまで待たねばならなかった。

　これまで、水が得やすい山間では、少々条件が悪くても、個人で、親族で、あるいは集落住民の共同でというように、ほとんど自力で棚田を造成してきた。しかし、このような水を得やすい土地の条件は、江戸時代までにはほぼ開発しつくされていた。これ以上更に棚田を開発するとすれば、当然簡単には水を得にくい土地に開発の方向を向けざるを得なかったのである。

　水を得にくい山間に棚田を拓くとなると、そこにはいろいろと困難な問題が横たわっている。一番大きな問題は、どこから、どのようにして、棚田の面積に見合う水を引いてくるかという事である。仮に水源地が決まったとして、そこから棚田開発の予定地までの水路を、急峻な山間にどのようにして開削したらよいか。

　このことは土木技術的な問題のほかに、水路建設に係る人的な問題、建設資金に係る予算的な問題、山地の所有権のことや作業に必要な道が

写真85 矢部の中央丘陵に拓かれた上野の棚田

かり等々、様々な問題に直面し、容易に取り掛かることが出来なかった。こうなると私的な取り組みでは不可能であり、公的な取り組みによらなければ実現できないことになって、公的な指導、補助、援助を求める方向に動かざるを得なかったのである。

　「福岡県八女郡矢部村」が、法的に村となり発足したのが明治29年であった。矢部村の行政組織や村議会が正式に、そして本格的に動き出したのもこの頃であったろう。このように、村の状勢が整ったうえで、上野丘陵の棚田開発が組織的に進められるようになったのではないかと推測する。

　いま目にする上野棚田の規模、用水路の様子を見ると、他からの援助や指導なくして進められたとは考えにくい。とはいっても、村に当時の記録が残されていない。しかし、あえて古老の話をもとに考えてみたい。

　明治時代のいつ頃、上野の棚田開発に着手されたか勿論不明であるが、竣工したのは明治45年であったという。従って、棚田が完全に出来上がり、稲作が行われるようになったのは大正期に入ってからであろう。棚田耕作には、何といっても水の確保が重要である。そのためには、用水路の維持管理は欠かせない仕事であった。

　初めは赤土で固めた水路であったというから、水路を維持するだけでも大変な苦労があったろう。上野用水路全体が、完全にコンクリートやU字溝に改修されたのは、戦後の農業構造改善事業であったというから、それまでの耕作者の労働は、稲作につぎ込む働きと用水路の維持管理で、大変厳しい労働を強いられていたのではないかと思う。

　しかし、戦後の食料難の時代を振り返ると、当時の住民にとっては矢部で生きるための当然の働きとして、苦にならず米つくりに余念がなかったのではないかと推察する。

　上野の棚田が長大な用水路の完成によって、水源から遠く離れた所でも稲作が出来るようになったことは、矢部の人たちにとっては極めて重要な意義をもったのではなかったか。ただでさえ耕地に恵まれない矢部において、上野丘陵と同じ立地条件にある、山間の丘陵地でも棚田が拓ける可能性が示されたという事は、矢部の住民に稲作への希望を大きく膨らませるものではなかっただろうか。

　このように、上野の棚田開発は、先駆的な棚田開発であったと位置付けておきたい。上野丘陵と全く同じような立地条件にあった、牧丘陵、鍋平丘陵の棚田開発に先鞭をつけたものとしての意義はとても大きかった。牧曽根丘陵及び鍋平丘陵の棚田開発は、昭和初期に着手され、立派な棚田造成に成功している。

2　上野丘陵の地形及び地質

　日向神ダムの最上部、矢部川の上流部がダム湖に流れ込むあたりを鬼塚という。この鬼塚付近から国道 442 号の道沿いの石川内、中村、宮ノ尾、大園にかけて、国道の北側に阿蘇溶結凝灰岩の断崖が、屏風を立てめぐらしたように約 1 km にわたって断続的に続いている。この断崖はほとんど垂直に屹立し、高さが 50 〜 60m もあるので、とうてい登り降りすることは出来ない。

　この一帯は、阿蘇溶結凝灰岩の層を基層に、その上にほとんど礫を含まない粘土質の洪積層が堆積した、地質構造になっている。この地層が長い年月のうちに矢部川と、その支流である御側川及び樅鶴川の激しい浸食作用を受け、河岸に土砂を堆積したり、また土地の隆起や浸食を繰

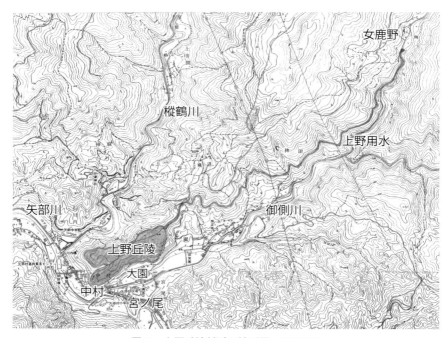

図9　上野丘陵付近の地形図　1/10000

り返して河岸段丘を形成し、現在のような地形が形作られてきた。この間、凝灰岩の層は浸食を免れ、断崖となって残ったものと思われる。

　丘陵の北側背面は山地であるが、東側には御側川が流れており、丘陵は川に向かって急崖をなして落ち込む。南側には矢部川が流れており、丘陵の先端部は矢部川に向かって急崖をなして落ち込む。西側には樅鶴川が流れており、ここも川に向かって急傾斜で落ち込む。このように三方が急な傾斜になっているので、この丘陵は蒲鉾型の丘陵になっている。

　特に、南に張り出した急崖は中村集落の背後に迫り、また一部分は国道側面の崖になっていて、大雨の時などは交通規制が行われることがある。蒲鉾型の上野丘陵は、南北が水平距離にして約300m、東西の横幅が約100mで、最高点の標高が430m、一番低い南端が370mである。また麓の川が標高320mであるので、最高点との標高差は110mになる。丘陵の背後の山地には棚田を賄うだけの水源がないので、この標高差はどこに水源を求めるかにとって、とても重要な数値ということになる。

3　上野の棚田の現状と棚田開発の歴史的考察

（1）上野の棚田の現状

　矢部の棚田はどこもそうであるが、矢部を縦貫している国道からはほとんど目にすることは出来ない。上野の棚田も高い断崖の上に拓かれた棚田であるから、国道のすぐ近くにありながら見えない。位置としては、集落の近くで大変恵まれているが、耕作の利便性からすると、三方を崖に囲まれているので、丘陵の背後を迂回しなければならないことになる。

　この丘陵の表層は、先に述べたように、ほとんど礫を含まない地層からできているので、畦畔はすべて土坡である。丘陵の頂上付近は、傾斜は緩やかであるので、棚田1枚の面積も比較的広く、後年、耕地の区画整理が行われた経緯もあるが、広いのになると1反（10a）以上の棚田も見える。斜度は1/13程度である。丘陵の東西の両面になると、傾斜

が急であるから斜度も 1/3 くらいになり、細長い棚田になる。

　棚田造成当初は、全面積が 6 町歩余りあり、100 枚以上の棚田群であっ
た。しかし現在は、畑地に転用された分も含めて、耕作されている棚田
は 70 枚程度に減少している。特に、丘陵の東西両面の急傾斜の斜面に
拓かれた棚田は耕作放棄され、荒廃しつつある。これは、地形上傾斜が
急で棚田そのものが細長く、機械の導入が困難であったことも原因して
いる。棚田造成の初期は、ほとんど手作業で稲作が行われていたので、
きれいに耕作されていたものが、農具が機械化されるにつれて畑地に転
換され、更に耕作放棄に至ったものと思われる。そのほか耕作者の高齢
化、耕作人口の減少、後継者不足という状況にも大きく起因している。

　南向きの丘陵で、日光を遮るものがない恵まれた環境にあるこの丘陵
の棚田を、今後どう守っていくか、いろいろな困難や複雑な問題を抱え
ている。棚田の生命が水にあるとを考えると、棚田そのものと共に、用
水路を含む耕作環境をよりよく整備し直すことが急務ではないかと思う。

写真 86　現在の上野の棚田

（2）上野の棚田はどのように造成されたか

　上野の棚田が、どういう人たちによって開かれたか、明確には分からないが、何かヒントになるきっかけはないものかと思い、現在の耕作者又は地権者が、どうなっているかを調べることにした。矢部では遠い先祖から代々受け継いで耕作している傾向が強いから、現耕作者から祖先をたどれるかもしれない。途中で地権者、耕作者が変わることはあり得るが、過去を推量していく資料にはなると思う。

　そこで、市役所から耕作者を記した地籍図を提供してもらった。そして、図面に記された耕作者を、集落ごとに分けてまとめてみた。次に示す表である。

〈昭和51年現在の上野棚田の集落別耕作者名〉

○飛の集落
<u>栗原恒春</u>、<u>栗原久助</u>、栗原博義、栗原円太郎、田川義麻、井上誠二

○中村の集落
伊藤謙太郎、栗原正雄、松尾卯三郎、石川淀、森下節治、石川斗米吉、新原孝行、和合栄造、栗原一郎

○殊正寺の集落
<u>栗原義和</u>、栗原富男、轟金徳、<u>栗原槇夫</u>、栗原久作、原島友喜

　表に示す3つの集落は、いずれも上野丘陵に隣接する集落である。棚田の近くに住む人が、近くの棚田を耕作するのはあたりまえのことで、この人たちの祖先が最初に棚田開発に着手したと即断はできない。しかし、この耕作者の中で栗原姓が約半数を占めること、また現在上野の棚田を耕作している人を下線で示したが、この人たちもまた栗原姓であることを見ると、どうしても栗原姓に注目したくなる。

　つまり、上野の棚田開発を先導したのは、栗原姓（栗原氏）の祖先で

はなかったかと思える。そして現在もなお、棚田耕作を維持しているのも栗原氏であることは、祖先の業績に対する責任感の表れではないかとみることも出来る。このように考えると、上野の棚田開発には、栗原氏が大きく関与していたのではないかと思えてくる。そこで、栗原氏一族の祖先について探ってみた。

　栗原氏の始祖は南北朝争乱の時、懐良親王に供奉して西下した五条頼元の家臣・栗原伊賀守、栗原越前守であると伝えられている。五条氏が矢部を領有するに及んで、栗原氏も矢部に土着し、以後定住するようになり、これが子孫代々続いて現在に至っている。栗原伊賀守の墓所が石川内に、栗原越前守の墓所が片山にあることがこのことを裏付けているように思える。

　栗原伊賀守は南北朝争乱の最中、敵の矢を受けて倒れた。伊賀守の後裔たちはその霊を慰め、遺徳を偲び、また不戦の誓いとして「飛の地に弓矢を捨て、代わりに鎌、鍬を手に農耕に勤しむことを習わしとした」と言い伝えられている。

　飛という集落は、こういう言い伝えを持った集落で、だから飛に生きる人たちは、代々農を生業として生き続けてきた。いつ頃までこのような伝統が守られてきたかは分からないが、少なくとも昭和の初め頃までは、このような生き方が堅持されていたのではないかと思われる。この伝統は、伊賀守の後裔であると言われる飛は勿論、土井間、神ノ窟、竹ノ払の住民にも言える。

　ちなみに、この4つの集落の栗原姓を見ると、全28戸のうち栗原姓が21戸（75％）を占め、日常の生活においても互いに固く結束しているように見える。この結束の強さを八女津媛神社信仰にみることが出来る。秋に奉納する『浮立』は、近年までこの4つの集落の門外不出の奉納行事として固く受け継がれてきた。

　この『浮立』でもう一つ注目したいのは、『浮立』の舞の冒頭に述べ

る真法師の文言である。

「……天下泰平、国家安穏の御代の時、弓は袋に、太刀は箱に納めましたは、なんとめでたき御代では、左様ござりますれば、五穀豊穣、御願成就として、氏子中の子どもに笹をかたげさせ、面白からぬ浮立を……」

　この文言は伊賀守の後裔たちが誓った「弓矢を捨て、代わりに鎌、鍬を手に」という心をそのまま言い表したものと言えよう。

　飛の集落でもう一つ注目したいのは、江戸時代末期、矢部の歴史上唯一人、久留米藩より名字帯刀を許された人がいたということである。それは「初代栗原久助」という人である。栗原家の家系と、久留米藩から下賜された感状などの記銘から判断すると、江戸時代末期の1846年頃と思われる。当時財政困難であった久留米藩に、金80両を献納したことに対する返礼である。現在の金額に換算すると、8,000万円（？）ぐらいになろうか。感状と共に備前長船、大杯、什器等を賜ったもので、今も栗原家の家宝として大切に保存されている。

　この事から推察すると、栗原氏はかなりの資産家であったように思われる。従って、飛から上野にかけての一帯の山地は、栗原氏の所有地ではなかったかと考えられる。上野の丘陵は緩傾斜の地で、しかも肥沃で

あり古い時代から畑地として拓かれていた。畑作が続いていた時代を上野丘陵の畑作時代と考えると、この時代は、丘陵の近くの人たちが畑作を行っていたのではないだろうか。

　もし丘陵全体が栗原氏の所有地であったと仮定すると、栗原氏が小作に出したような形で、

写真87　久留米藩から下賜された名刀

畑作が行われていたようにも思える。戦後の農地改革で小作農が廃止された結果、地権者が小作者に移転し、現在に至っているのではないかと推定する。

　やがて稲作が普及し、稲作への要求が高まるにつれ、畑地から棚田へという経過をたどったのではないかと思われる。ただ問題は、水源に恵まれないことであった。この点については時を待たねばならなかった。

　しかし、棚田開発へ向けて牽引していったのは栗原氏ではなかったかと推測する。開発の規模からすると、栗原氏単独または栗原氏一族による私的な事業では困難であり、また外部からの援助が受けにくいので、共同開発という形をとったものと思われる。開発に着手した時期は不明であるが、水路の建設から棚田の造成までこれだけの規模の工事を完成させるには、相当の費用と時間を要し、少なくとも水路開削費及び人夫賃くらいの補助はあったであろう。

　また、この当時の土木技術の水準がわからないが、大部分は農業用の工具を使った人力作業であったと思われる。完成は明治45年というから、完成まで5年かかったとして、着工は明治30年代後半ではなかったろうか。

4　長大な上野用水の開削

（1）上野用水の現状

　上野用水が現在どのようになっているか踏査する必要があるので、停水期、木の葉が落ちつくした3月、女鹿野の取水口から上野丘陵まで用水路をたどってみた。約1時間半を要した。水路に沿って1〜3mの幅で作業道が続いていて楽に歩けた。この水路について矢部村誌は次のように紹介している。

「……下御側の女鹿野から、御側川の水を山の中腹に用水路を造り、上野に引いたのである。長さ4km、幅1mの水路であるが、険しい山腹のうっそうと立ち茂った薄暗い杉林の中を、蛇のようにくねくねと迂回しながら、今も清冽な水を楚々として流し続けて美田を潤している……」

　文中「楚々として」という水の流れとは、どんな流れだろうと思いながらたどってみた。「楚々」を国語辞典で調べてみると、「若い女性が清潔で美しく見える様子」とある。御側川最上流部の、山腹から湧き出た水であるから、間違いなく清冽（清潔）である。また澄み切っていて美しいことも間違いない。女性とはなにを意味するか。汚れを知らない無垢な女性、無垢な女性は足腰が柔らかく、なよなよとしているから、これはくねくねと曲がって走る水路を形容したものか。
　そして水路をたどってみると、ほとんど勾配を感じないので流れはとてもゆっくりとしており、決して滔々とした流れではないはずである。するとやっぱり楚々とした流れになるか。薄暗い杉林の中を流れる清冽な水、見方によっては美しく見えるかもしれない。このように吟味、解釈すると上野用水とは「水が楚々として流れるような用水路である」と言い表されることになりそうではある。

　八女市役所矢部支所から提供してもらった1/10,000地形図（P160）には、上野用水を点線で示している。この点線は等高線の430mと420mの間を等高線に沿って走っている。取水口の標高が430m、上野台地に到達する地点が標高420m、この間の距離をキルビメータで測ると約3,000mである。従って、3,000mで10m下がる勾配の水路ということになる。水路の勾配は1/1,000というから、実際水の流れを見るとゆっくりとした流れである。そのため水路を浸食する作用も小さく、正に楚々とした女性的な流れである。

写真88　御側川取水口

写真89
コンクリートに改修

写真90
樹脂製パイプに改修

写真91
風倒木が水路を覆う

写真92
石積で水路を築いた

写真93
U字溝水路に改修

　水路は最初、底面、側面ともに赤土、粘土で打ち固められたものであったが、その後何回かの補修、改修によって全行程コンクリート、またはU字溝になっている。部分的に樹脂製パイプに改良されているところもある。特に斜面上部からの土砂の流入がある区間、倒木がかぶさっているところ、小さな谷と交差しているところなどはパイプを使用している。地滑りや崖崩れなどは過去何回かあったであろう。

　しかし今回の踏査では、全体として水の流れを阻止するような箇所は見られなかった。水路全体に落ち葉がたまっており、土砂が流れ込んでいる所もあった。取水前には毎年土砂や落ち葉の排除作業が必要である。御側川からの取水口はコンクリート堰になっており、また頑丈な水門が設置されていて水量調節がうまくできるようになっている。用水路の掃除、降雨時の水門の開閉、用水路全体の点検等の維持管理が大変であり、稲作期間中は気を抜けない作業が続く。

（2）上野用水路の開削

　棚田の造成もさることながら、上野の場合最も重要な事は、水源をどこに求めるかということであったに違いない。水さえ引くことができれば、素晴らしい水田ができるということは、当事者の一致した念願であったろう。だから上野用水がどのように開削されたかを抜きにしたら、上野の棚田を考える意味がないようにさえ思える。といっても、用水路開削に関する資料は皆無である。頼りにするのは村誌の記述だけである。この記述をもとに推定してみたい。再び村誌を引用させていただく。

　「……明治の末頃、下御側の女鹿野から御側川の水を山の中腹に水路を造り、上野に引いたのである。……記録も残されておらず、それを詳しく知っている古老もいないので、年代や工事のようすも詳しくはわからないが、竣工は明治45年であったという。それにしても測量技術も十分でなかった当時としては大変な難工事であったらしい。古老の話では提灯を灯して千分の一の勾配をとり、溝を切り、赤土、粘土を塗り込めていったという。勾配を急にするとすぐ壊れるのでゆっくりとした勾配をつけたのである。その執念と努力はなみ大抵のことではなく、工事は困難を極めたという。」

　この工事が難工事で、執念と努力の結果完成されたことは実際に踏査してみてよくわかる。では、どのように工事が進められたか測量技術という面から考察し、考察する対象を次の①、②にしぼった。その上で、私なりに水路開削の実際（③、④）を想定してみた。

　①当時の測量技術は本当に十分でなかったか
　②提灯測量とはどんな測量法か。また、この測量法で1,000分の1の勾配がとれるか
　③上野用水はどのような工程で開削されただろうか
　④上野用水路の検証

①当時の測量技術は本当に十分でなかったか

　“十分でなかった”ということの捉え方にもよるが、当時、即ち明治時代末期の日本の測量技術の程度ということで考えてみたい。これを程度の低い大雑把な測量技術と解したら、こんな立派な上野用水ができるはずがないということになる。そこで測量技術について少し調べてみた。

　稲作が日本に伝来して以来、土地の測量は日本民族にとって常につきまとう問題であった。稲作は常に土地の高低を意識しなければ、稲作そのものができないからである。畑と水田は根本的に違う。畑は斜面であっても作物栽培は出来る。だが水田稲作は、水を張るのであるから、水田の底面は平らでなければならない。

　また、周りはしっかりした畦を築いて、水が逃げないようにしなければならない。更に水源をさがし、川を堰き止め、水路を築くという大事業が必要になってくる。こう見てくると、稲作は土地の測量なくしては成り立たないことがわかる。稲作民族にとって測量は常に生活に密着したものであった。土地の高低、傾斜、垂直、鉛直、水平などの観念は否応なく一般民衆にまで浸透していた。条理水田や太閤検地などはかなり高度な測量技術無くしては出来なかったであろう。

　測量は数、量、図形、空間などの基礎概念の上に成り立っている技術であるから、稲作だけでなく、もっと視野を広げてみると、日本民族のすばらしさがたくさん浮かび上がってくる。伊能忠敬の測量による日本地図作成、また、江戸時代関東平野を縦断して、利根川から江戸の町まで水を引いた見沼代用水の開削といった大規模な土木工事から、無名の農民天才たちが拓いた用水路は各地にたくさん分布している。建築の分野でも寸分違わぬ建築物は至るところに見ることができる。

　このような技術は、数学的な基礎概念の素養無くしては出来ないもので、普通の大工さんでも三角法や三角関数を使って設計していたというから、西欧に劣らぬ日本独特の高度な知識技術を持っていたことがわかる。

　「八十一」と書いて「くく」と読ませ、「十六」を「しし」と、「二五」

を「とお」と読ませる。万葉集にはそんな歌がたくさんあるという。万葉の時代には、掛け算の九九がすでに日常的になっていたということであろう。最初は中国に習ったものであったろう。その後、日本独自の数学が次々と生まれ、江戸時代になると和算として高度な数学論に達していた。このように、測量技術に関してその歴史をたどってみると、「十分でなかった」という捉え方は日本の技術を低く見た捉え方ではないかと思われる。

　②提灯測量とはどんな測量法か。また、この測量法で 1,000 分の 1 の勾配がとれるか

　提灯測量という用語には初めて出会った。参考文献を図書館に求め、「江戸時代の測量術」という文献を福岡県立図書館から取り寄せてもらった。この文献には、水準測量の 1 つの方法として紹介しているが、「提灯測量」という用語は使っていない。暗闇で提灯の火を用いて実施すると、余計なものが見えず測定しやすいと解説している。提灯を利用した測量法が実際にあった事は確認できた。但し、これは変わった測定法ではなく、原理的には普通の水準測量と同じだということも分かった。

　丁度、時を同じくして「提灯測量」という用語を新聞記事の中に見出し、小躍りする思いであった。「筑後川・五庄屋大石長野水道」という見出しの記事である。内容はかの有名な五庄屋に関するお話である。この五庄屋物語は以前からよく知っていたので、この記事に関係の深い「浮羽歴史民俗資料館」を訪ねた。提灯測量の展示写真をもとに館長さんから詳しく説明していただいた。同時に三浦俊明著『筑後川』という分厚い文献をいただいた。この文献は五庄屋の物語と同時に、提灯測量の方法がわかりやすく、そして詳しく図示されているのでこれをそのまま引用させていただく。

提灯測量・文献『筑後川』より

（5）提灯測量による水路高低差の実現

①提灯測量 A…水路開削後の水路高低差測定に適した方式

　提灯測量とは、同じ高さに提灯をつけた2m程度の竹を10本程度作製し、これを開削した水路底に、上流から下流に沿って夜間に一定の間隔に並べ、提灯の灯の高さを側面後方から目視、比較することによって水路の高低差を測定する仕組みである。

②提灯測量 B…開削前、平地の高低差測量に適した方式

　竹竿の高提灯の取付や配列などは上記①と同じであるが、凹凸の多い平地での「開削の深さ」を決めるのに適した測定法。

　具体的には、水準となる点（下図）から、各提灯の竹竿を縦方向を覗き、その高さを竹竿に記録し、この高さと提灯の高さとの差で開削の深さを算定する。

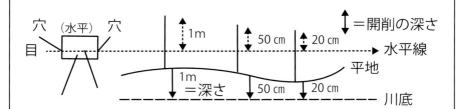

③大石堰水路は取水口の大石から西に向かって一直線に伸びているのではなく、南北に蛇行しながら走っている。また、西に向かう過程では、交差する川や道路、丘状の荒野、また畑もあれば田もあり、決して平坦な所ばかりではない。

　このような状況下で、水路用水を淀みなく円滑に流すには川底の高低差を一定に保つことが重要であるが、大石堰開削の成功には、この提灯測量による高低差測量の技術水準の高さと精緻さが大きく寄与していることは間違いない。

　提灯測量というのは読んで字の如く、夜間に提灯を灯して作業をする
のであるから、時間や手間はかかるだろう。だが決して雑な、程度の低
い測量法ではないこと、当時は、場所や周囲の状況によっては適切な測
量法ではないかということがよく分かる。"提灯"という言葉に幻惑さ
れて、古めかしい不正確な測量法ではないか、という印象を持たせるの
ではないかと思う。大石堰・長野水道の工事が行われたのが、江戸時代
初期の寛文4年（1664）のことである。この当時、現代のような精密な
測量機器はもちろんなかった。しかも測量技師という専門家もいなかっ
たであろう。提灯測量にあたったのは、少々器用な住民であったと思わ
れる。それでも、あの見事な大石堰、及び長野水道を完成させたのである。

　③上野用水はどのような工程で開削されただろうか
　用水開削がどのように実施されたかはわからない。わかっているのは、
"提灯測量"をしながら開削工事が進められたという記録だけである。
そこで前述の①、②をもとに全くの想像をあえて試みてみた。
　提灯測量に限らず、測量にはある程度見通しがきかなければならない。
上野丘陵に立って御側川上流方向を見通しても、入り組んだ山容や竹木
の繁茂に遮られて見通しはきかない。これは当時も同様であったろう。

・そこで見通せる近距離、例えば約10mごとに短く区切って、目測
　または適当な長さの竿を立てながら簡単な水準測量をして、上下幅
　5mほどの水路帯を決め、この水路帯の竹木を伐採する。これを繰
　り返していくと、竹木のない水路帯が入り組んだ山の斜面に出来る。
　やがて、この水路帯は、御側川上流部に行きつくであろう。そこが
　取水口となる。このようにして、提灯測量に移る前の第一次の準備
　作業が行われたであろう。
・第2次の準備作業として、水路帯を掘削してできるだけ平らな水路
　帯を造る。ちょうど山道を造るような要領である。すると、山の斜

面に幅３～４ｍの平らな水路帯ができる。
・次に提灯測量に移る。提灯測量によって、水路帯の中に水路線が標識され、水路線を中心に幅３ｍばかりの水路掘削線を標識する。
・この後、水路掘削線内を鍬、唐鍬、つるはしなどの工具を使って水路溝を掘る。大きな岩や木の根排除に苦労したであろう。
・水路溝ができたら、再び提灯測量をし、水路の勾配をとりながら底面、側面を赤土、粘土で打ち固めながら用水路を完成させていく。

　想像にまかせてその工程を考えてみたが、どの工程をとっても大変な作業である。平坦な土地であれば、その作業の負担は軽減されるであろうが、急斜面の山肌であるからなおさらである。この工程のほかにもっといい方法はないか考えたが、ついに浮かばなかった。いずれにしても、忍耐強くねばり抜き、完成させたその労苦には、唯々敬服する以外に言葉はない。
　上野用水開削に地形図が使用されたかどうかはわからない。国土地理院に問い合わせたところ、明治の末頃であれば、福岡県南部の1/50,000地形図だったらあったかもしれないということであったので、この工事に地形図が使用された可能性は低い。

写真94　大石長野水路開削における提灯測量風景・『筑後川』より

④上野用水路の検証

　念のため、上野用水の見事さを文献にならって検証してみた。

　文献は、江戸中期の技術水準を表したもので、少し古いが、この方が日本人の土木技術の高さを知るうえで参考になると思ったからである。『日本技術の社会史』第六巻・土木編による。この中に紀州の人で、用水工事を数多く手がけた「大畑才蔵」の用水設計のことが書かれている。これに上野用水の場合を当てはめてみた。水田より低い所を川が流れているとき、どこに取水口を設けたらよいか、ということについて、彼は次のようにして取水口の位置を計算で求めた。

　「川より10間高い所に水を引くには、川の勾配が1町につき8寸の時、川と水路床とのたれ（勾配のこと）を2寸とり、残り6寸で10間（600寸）を割って百町上に取水口をとる」

　　上野の場合　・御側川より100m高い所に水を引く
　　　　　　　　・御側川の勾配は30mにつき1m下がる勾配である
　　　　　　　　　（地形図より）
　　　　　　　　・水路床の勾配を30mにつき10cmにしたい
　　　　　　　　　（1,000分の1の勾配）

　この条件を大畑方式に代入し、計算すると、上野丘陵より3,093m上流に取水口を設ければよいという結果が得られる。地形図に示された水路の長さが約3,000mであるので、測定誤差を考えると、計算値とほぼ一致する。

　大畑才蔵さんは多くの経験から導き出した計算方式であろう。普通の人がこれだけの知識・技術を持っていたのである

5　上野の棚田のこれから

　昭和40年頃までは、開田された当初の6町歩余りはきれいに耕作されていた。その後、稲作にとっては非情ともいえる全国一律の減反政策がとられ、農民の耕作意欲そのものが外圧によって減退させられた。ただでさえ厳しい状況にある矢部の稲作は、ますます窮地に追い込まれ、後継者不足という事態を招くことになる。

　それは結局、耕作者の高齢化という深刻な状況を来すことになり、今後の見通しに暗い影を投げかけている。開田当時は、上野棚田の耕作者は20数戸であったが、現在（平成30年現在）4戸にまで減少しており、耕作水田も道がかりのいいところだけになり、開田当初の半分くらいにまで減少している。

　またその耕作形態も、以前とはずいぶん変わってきた。現在の耕作者の一人である栗原久助さん（75歳・2代目栗原久助さん）に、現在の耕作状況を尋ねたところ、次のように語られた。

　「年々耕作する人が減ってきているので、耕作放棄水田が増えていく。だから荒れないように、本来の自分の水田以外に、放棄された水田も耕している。だから自分が今耕作している面積は、1町3反歩余りになる。今年もまた耕作を放棄される人が出そうなので、その分も引き受けなければならなくなるだろう」

写真95　上野の棚田は白く見える凝灰岩の断崖の上に拓かれているため、国道からは見えない

　このような人は栗原久助さんのほかに、栗原宏行さん（75歳）、栗原義和さん（52歳）、栗原槇夫さん（73歳）がおられるので、放棄水田を４人で耕しており、４人の協働によって上野棚田は守られているという状況だ。

　上野の棚田は、稲作以外に、上野用水の維持管理も同時にやっていかなければならない。以前は耕作者が多かったので、用水路掃除には１軒から２人ずつ出て、多人数でやっていたので、半日もかからないで終わっていた。しかし、今は４軒だけでやらなければならないので、１日で終わることができるだろうか。水路の見回りを含めると大変な労働になろう、という不安な気持ちもうかがえる。

　国は、中山間地農業への補助事業として、耕作維持のために、反当り一定額の補助金を交付している。上野棚田の場合、この補助金で用水路の補修、農業機械の修理などに当てているという。このおかげでなんとか棚田経営が成り立っている。

　この補助は５年ごとに見直されるということであるので、耕作放棄が増えると、それに応じて交付金も減額されることになる。国の補助事業は公平性が原則であろう。しかし全国一律ということは、必ずしも公平とは言い難いところがある。同じ１枚の水田でも、立地条件によって異なる。面積だけの公平は、現実的には、不公平な施策としか言いようがない。矢部の棚田耕作者が、どれだけ苦労しながら稲作に従事しているか、直に接してみるとよくわかる。厳しい自然条件を考慮した公平性を、農政当局は示すべきではないか。棚田の調査をし、また耕作者から聞き取りをしていると、このことをしみじみと感じる。

　今、農業も林業もとても厳しい状況にある。しかし矢部村にとっては、林業の復活を第一に考えなければならない問題であろう。同時に農業の再生もまた重要である。矢部村はこの第１次産業が衰退したら、村そのものが立ちいかなくなるだろう。矢部村を訪れる人をできるだけ多くしたいと思うならば、その根本は第１次産業の活性化にある。そのうえで

の第6次、第7次産業であろう。

　1次がなく、6次、7次が成り立つはずはない。こう考えると、棚田の将来は村全体の問題でもあり、棚田を生かす道は、村民の創意工夫にかかっていることも、真摯に受け止めなければならない。このことなくして、他に補助、援助を求めても、その効果は極めて小さいだろう。プランがあって援助を求める。それではじめて地方創生が実現するのではないか。

　矢部における稲作ということに限ってその方向を考えるならば、やはり矢部の自然を生かした稲作をどう創造していくかということになろう。簡単に言えば、「矢部のブランド米を創る」ということである。矢部の棚田米はとてもおいしいという評価を得ている。これに無農薬、減農薬という条件がつけば、さらに評価は高まる。無化学肥料という条件が加わると、最高のブランド米になる。矢部の自然は、このような棚田米を作る人を待ち望んでいるのではないだろうか。矢部の先人が苦労して拓いた棚田を、なんとかして再生し後世に残していきたいものである。

写真96　戦後農業構造改善事業によってコンクリート・U字溝水路に変更された

牧曽根の棚田

　棚田の周囲に見える緑の部分は、かつて棚田であったが、現在は御茶畑になっている。

写真 97　牧曽根の棚田

1 牧曽根棚田付近の地形と景観

　谷筋に沿って拓かれている棚田は、すぐ目につくのだが、山間の深い森の中に隠れている棚田は、見出すのに一苦労する。これが矢部の棚田の特徴ではあるが、牧曽根の棚田もこの例に漏れない。これは、牧曽根の棚田がとてつもなく辺鄙なところに拓かれているという意味ではない。初めてのものにはその位置が分かりにくいというだけのことである。

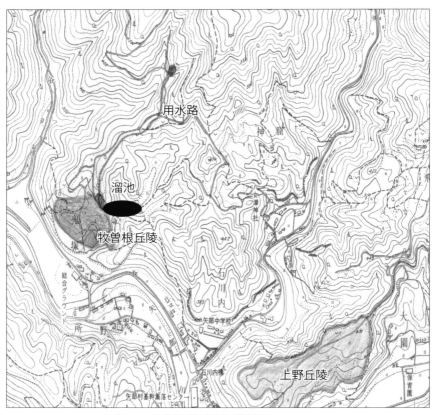

図10　牧曽根丘陵付近の地形図　1/10,000

〈牧曽根について〉

　矢部川の最上流部が日向神ダムに注ぎ込む所付近が鬼塚集落で、日向神トンネルを抜けてから約6kmほどの距離になる。ここには、杣の里レストラン、相撲道場、総合体育館、水浴場、総合グラウンド等の施設があって、矢部祭り、4月の桜マラソン大会、夏の花火大会など矢部唯一のイベント会場になっている。

　最近、「矢部の里」という滞在型の施設が設けられ、矢部独特の地元料理を楽しむことが出来るので多くの観光客が訪れている。

　牧曽根の棚田は、凝灰岩の断崖に遮られてここから目にすることは出来ないが、グラウンドのすぐ上にある。

　牧曽根の棚田の地籍は、「八女市矢部村大字北矢部字牧曽根」であるが、これだけを見て棚田へたどり着ける人は、矢部の人でもそんなに多くはあるまい。近代科学の粋を集めたカーナビをもってしても、おそらく無理であろう。えらく分かりにくいように言ったが、実は国道とは、目と鼻の先にあるのだ。ふと金子みすゞの童謡の歌詞が頭に浮かんだ。「星とたんぽぽ」の一節である。「……見えぬけれどもあるんだよ　見えぬものでもあるんだよ……」見えないけれども立派な棚田が拓かれていて、今も変わりなく耕作されている。

　牧曽根の棚田に至るには鬼塚から石川内、神ノ窟を経て八女津媛神社前の林道（参道）を上っていく。林道を少し上ると小さな峠に出る。この峠を越えて少し下る。すると、視界が急に開けて整然と整った牧曽根の棚田が目に飛び込む。初めて目にする牧曽根棚田発見の喜びに安堵し、四囲を見渡すと、矢部を象徴する城山が真正面に、しかも指呼の間にあり、眼下には矢部川及び日向神ダム湖を見下ろすことが出来、そして周りを高い矢部の山並みが青く霞んで取り囲んでいて、ここに立つと疲れがいっぺんに吹っ飛ぶような気分爽快な開放感に浸ることが出来る。棚田はこのような素晴らしい環境の丘陵に拓かれている。

写真98　前方に日向神ダムが見える

南北朝の昔、この丘陵にはアイノツル城（漢字不明）という小さな山城があった。矢部川沿いに攻めてくる敵を頭上から攻撃し、西方からの敵に対応するための見張り役を兼ねた城で、矢部川沿いに西から侵入してくる敵をたちどころに発見し、本城である高屋城に即刻知らせる重要な役割を持った城であったと思われる。今はこの城の痕跡も残ってはいない。

　この丘陵一帯は栗原照幸さんの所有地で、照幸さんと話をしているとき、「あたしゃ、花火大会の時はここに来て花火見物をしていました」と言われた。なるほど花火見物にはいい場所であろう。

　この丘陵の突端の50mほど下が源流公園になっていて、花火はこの一角から打ち上げられる。すると大輪の花火を上から見ることになり、真っ暗な山峡の山間に一瞬輝く光景は下から見るのとは違って格別のものがあろう。この牧曽根丘陵は標高400m、総合グラウンド（源流公園）との標高差50m、打ち上げ花火の大輪を上から、横から見ることになる。花火見物の場所としてだけでなく、城山から顔を出す日の出の光景、ダム湖の方に沈む日の入りの光景もまた素晴らしい。

　谷野の石川久利さん宅を訪れた時、帰りが夕暮れになった。家から一歩外に出た時、目の前に真っ赤な大きな夕日が飛び込んできた。山の端に沈まんとする夕日であった。山間でこんな素晴らしい夕日を見たことは初めてであった。日中は日中で、日の出から日没までほとんど遮るものがない日照に恵まれた牧曽根丘陵である。農耕にはとても恵まれた自然条件にあり、早くから拓かれた土地であった。

2　牧曽根丘陵の開発と栗原家

　牧曽根丘陵に拓かれた棚田は、戦後の農地改革で他家へ譲らなければならなくなった経緯があるが、棚田の造成を実質施行したのは栗原家であった。牧曽根の棚田周辺一帯は、古くから栗原家の所有地で、その歴史をたどればかなり古い時代にまで遡らなければならない。

　かつて南北朝時代、この台地にはアイノツル城が築かれていたことは先に述べた。この城と栗原家との関係はよくわからないが、栗原伊賀守はアイノツル城の城主であったかも知れない。というのは、この丘陵の麓石川内に「杣のふるさと文化館」（旧矢部中学校跡）があるが、この文化館の裏手に「栗原伊賀守終焉の地」というモニュメントと、その側に「栗原伊賀守の墓石」が往古のまま残されている。

　栗原伊賀守は、征西将軍宮を支えた五条氏の家臣であったことを考えると、牧曽根付近から石川内、神ノ窟あたりまでの一帯は栗原伊賀守と深い関係にあった土地で、もっとはっきり言えば、栗原伊賀守の所領ではなかったかと推察する。栗原照幸さんの「栗原家の祖先は栗原伊賀守

写真 99　栗原伊賀守墓碑案内

写真 100　栗原伊賀守墓碑

です」という言葉からもこのことは察せられる。

　すると、牧曽根の開発には栗原伊賀守を祖とする伊賀守系統の人々が、大きな役割を果たしてきたのではないかということが言えそうである。一応このような歴史の流れも念頭におきながら、牧曽根丘陵の開発についてその概要を考えてみたい。

　但し、栗原家といっても沢山の栗原姓がおられるので、これから記す「栗原家」とは、現在片山にお住まいの栗原照幸さんの家系にしぼって考察していくことにする。従って、牧曽根丘陵の棚田開発は栗原照幸家が主で、他の栗原一族は従という形で棚田開発を支えたという見方で考察を進めていくということになる。

　そこで、牧曽根丘陵の棚田開発を主導された栗原照幸家3代の方々の略歴をお聞きした。この御三方にあわせて開発の経過をたどってみたい。

　　　○現当主　栗原照幸（以下、栗原さんと記す）
　　　・昭和6年生まれ　現在（平成29年）86歳
　　　・昭和58〜62年　村会議員
　　　・平成1〜7年　森林組合長
　　　・平成8〜12年　第9代矢部村村長

　　　○先代（父）　栗原団九郎（以下、団九郎さんと記す）
　　　・明治40年生まれ　昭和51年永眠　69歳
　　　・昭和2年　20歳　甲種合格　2年間兵役
　　　・昭和12〜15年　兵役　日中戦争
　　　・昭和19〜20年　兵役　太平洋戦争＝満州派遣
　　　・昭和20〜23年　シベリア抑留
　　　・昭和23年　シベリア抑留より帰還
　　　・昭和27〜36年　森林組合長

　○先々代（祖父）　栗原藤吉（以下、藤吉さんと記す）
　　・明治3年生まれ
　　・昭和32年永眠　87歳
　　・大正10〜14年　村会議員
　◎牧曽根丘陵の開発に生涯をかけて取り組む

　この3代の中で牧曽根の棚田造成を手掛け、ほぼ完成にまでこぎつけたのは祖父にあたる栗原藤吉さんであると思われる。藤吉さんが村会議員をされていた、50代から60代にかけての頃ではないかと推定する。この時期は上野棚田が完成し、棚田稲作が軌道に乗った時代である。

　藤吉さんは上野棚田の成功に刺激されて、上野丘陵と同じ条件にある牧曽根丘陵の棚田開発を思い立ち、同時に栗原一族もこれを支援した、棚田開発への見通しがつき、条件も整ったということで開発を決断した。このように藤吉さんの心の内を推し量ってみた。このような観点に立って棚田造成の過程を具体的に考察してみたい。

3　牧曽根棚田の造成

　かつての矢部の山々がそうであったように、以前の牧曽根丘陵一帯も現在の植生とは異なる、いわゆる雑木の森であった。雑木の森といっても、なかには欅のような良木もあったろうし、このような木材は木挽きによって良質の天然材として高い価値を以て取引された。

　また一般にいう雑木類は木炭の生産に利用されていた。当時、八女地域の木炭の生産高は、隣村の大淵村が一番で、矢部村はこれに次ぐ生産高を誇っていたと言われている。

　やがて、この緩やかな傾斜の丘陵には焼畑が拓かれるようになり、蕎麦、大豆、粟、黍、大豆、小豆などの穀物が生産されるようになる。いわゆる焼畑農業へと変わっていく。この期間もそう長くはなく本式の畑

作農業が営まれるようになった。そして最終的には溜池灌漑による棚田へと移り変わっていったのである。

　このような牧曽根丘陵の土地利用の変遷は、栗原家だけの労働力でなされたものではなく、雇用による人夫の労働力に頼らざるを得ないこともあった。また区画を区切って小作形式をとって畑作が進められた。

　栗原さんの記憶も薄れがちではあったが、この小作経営は棚田が造成された後も昭和20年頃まで続いた。小作人は3人（3戸）ではなかったかと思う、と言われている。

　このようなことからも、牧曽根丘陵の開発が栗原照幸さん一家だけの労働力でなされたものではなく、雇用や小作という形をとって労働力を確保しながら開発は進められたものと思われる。

　牧曽根丘陵に棚田を造成しようと計画・決断し、そして推進したのは藤吉さんであったが、決断した要因の一つに、牧曽根の畑の土質について藤吉さんが常々思っていたことがある。というのは、ここの土は粘土質が強く、水はけが悪いということであった。「ここん畑ん土はねばつくので耕しにっかのや（〜しにくい）」という小作人の言葉をよく耳にすることがあった。水はけが悪いということは、逆に言えば、大変水持ちがよい土質であるということである。こういうことも、棚田にしようと考えた要因の一つになっていた。

　日常生活の現状、小作さんたちの生活状況、そういったものを考えると現状打破への強い願望は、藤吉さん自身もしっかり持っていた。またこの時代、一般の人々の暮らしも決して豊かなものではなかった。だから、みんながより豊かな生活を求めて一生懸命の時代であった。この時分の豊かさの基準は、「食べ物が満足に食べられる生活」、もっと端的にいうと、「お米のご飯をおなかいっぱい食べたい」ということであった。お米のご飯を満足に食べることが出来たら、まずは豊かさを実感するという時代であった。一粒のご飯粒でも大切にした時代である。こういう強い願望のあらわれが、水田開きに励む当時の人々の姿であった。

　しかし、水のない牧曽根丘陵に水を引いて水田を造ろうと決めるには、それ相当の決断がいる。牧曽根の棚田はそれ以前に拓かれていた畑地を、徐々に棚田に変えていったものであろうと思われる。「牧曽根の棚田」の冒頭の写真（P179）は、現在の棚田の様子を表している。

　今耕作されている棚田は11枚で、1枚1枚は比較的広く、きれいに区画されている。畦畔は最上段の畦畔に見える石積を除いて、他は全て土坡畦畔である。畦畔は高いもので7m、低いものでも1mはある。

　また、畦畔の天端（てんば）は1mを超えるものが多く、頑丈な畦畔になっている。この開田工事においては石礫の出方が非常に少なく、そのため土坡畦畔になったものと思われる。従って、工事に使用する用具も、通常使用している農具で十分間に合ったのではないだろうか。棚田の周囲に見える茶畑や樸林になっているところは、元は水田であったものが転用されたり、初めから畑地であったものもあるが、この牧曽根丘陵全体の開発面積は2町歩余りであった。棚田造成の年代が昭和に入ってからなので、最初からある程度整然とした棚田が造成されていったのではないかと思われる。

　牧曽根丘陵における棚田開発の一連の過程は、すべて栗原照幸家主体の開発事業であった。但し、矢部村誌「上野用水の開発」の項に、牧曽根に関する記載が僅か11文字で簡単に記されている。

　「牧曽根地区では昭和7年、神ノ窟では昭和12年、………山口地区27年と用水路の開発改修と耕地整理が行われ、耕地の拡大なかんずく水田の増大に心血をそそいだ努力がなされた」

　このことから、牧曽根丘陵開発に関して村行政の関与がうかがえるが、どれだけの関与があったかは記録がない。一説によると、人夫賃だけは補助があったという。牧曽根丘陵の棚田開発には、導水路と排水路の建設及び溜池の築造を伴っている。これらの工事にはセメントがかなり使用されているが、この方面への補助、援助はなかったのだろうか、不明である。牧曽根丘陵の棚田が完成したのは昭和初期、昭和6～7年頃で

はないかと思われる。

4　溜池の築造

　平成29年1月28日：牧曽根の棚田に初めて行った。この日は調査というより、牧曽根丘陵に確かに棚田が在るということを確認することが第一であり、そして棚田全体の概要を把握することが目的であった。従って、この日は写真撮影だけで終わった。

　2月15日：この日は棚田の実態を詳しく踏査するため、準備を整えて行った。しかし、椎茸の原木伐り出しのために路が塞がり、棚田へは行けなかった。だが、これが幸いした。作業をしていた人が栗原裕典さん（栗原照幸氏の長男）であったからである。そうとは知らずに、ここの棚田の耕作者などを尋ねてみようと話しかけてみた。

　すると、思いもよらぬ言葉が返ってきた。「ここの棚田はうちの親父たちが拓いたものです。今は農地改革で他所のものになっていますが…」と聞いてびっくりした。調査の手掛かりができたからである。あたりを見回しても水源らしきものが見えないので、ついでに水源のことを尋ねると、「近くの迫から水を引き、堤を造って灌漑していました。あそこに見える竹薮がもと堤があったところです」と教えてもらった。このとき、棚田の開発者、溜池灌漑による棚田、棚田が造成されたおよその時期などが大まかにつかめた。

　2月21日：栗原家を訪ねる。現在の当主は栗原照幸氏である。氏はかつて私が矢部中学校に勤務していた時、郷土愛を育む教育カリキュラムのなかに、矢部の民俗芸能「浮立」を導入したとき大変助成をいただき、知己を得ていた方であったので、聞き取り調査について快諾していただいた。この日は、調査の趣旨説明と次回を約して終わる。

　3月15日：できるだけ具体的に棚田造成の歴史的な流れを聞き取りたいと思ったが、棚田が造成されたのは、栗原さんが幼少の頃のことであり、また記憶もかなり薄れていたようであったので、細々としたことまでつかむことはできなかった。しかし次のようなことが明確になった。

　　○棚田の開発事業は祖父栗原藤吉、父栗原団九郎の2代にわたる事業
　　　で成し遂げられたこと
　　○溜池及び棚田が完成した後、溜池の堤防が決壊し大きな被害があっ
　　　たこと
　　○決壊した堤防の修復には全力で取り組み、短期間で完了させ、以後
　　　順調に稲作が行われ現在に至っていること
　　○戦後の改革で棚田は他家に譲ることになったが、棚田の造成を含む
　　　牧曽根丘陵の開発は栗原家が施主となって進められてきたこと

　以上のように、棚田開発に関しての根幹となる事項について知ることができた。そして、堤防決壊修復時の写真3枚を提供してもらった。牧曽根棚田の開発については、この写真3枚が唯一の資料であるので、この写真を拝借し、写真が示している歴史的事項をできるだけ詳細に読み取り、読み取った事項をもとに棚田造成の歴史的過程を推量していくことにした。

　3月26日：写真から読み取れる事項について、栗原さんから聞き取りを行い、また現在の棚田の実態とも比較し、各事項が過去の確かな（らしい）事実を示すものとしてまとめた。写真101、104、105それぞれについて、写真から読み取ったことを次に示す。

写真 101　昭和 11 年頃、溜池工事に取り掛かった当時の風景

（1）写真 101 からわかること

○棚田造成当時、及びそれ以前の棚田一帯（丘陵一帯）の自然の景観
　を想定することが出来る。北から南になだらかに傾斜する丘陵状の
　地形で、見るからに日照に恵まれた自然環境にある。

○この丘陵一帯は現在の植生とは全く異なり、雑木を主とする森林で
　あったと思われる。この時点では伐採されているが、周辺に見える
　丸っこい点々は切株から出たひこばえであろう。

　また、家の近くに数本見える樹木は、柿の木らしい。家の住人が居
　を構えたとき植えたものであるとすると、かなりの年数がたってい
　る。木の葉がないところをみると季節は冬である。

○人物が小さく見えるところが溜池堤防の天端である。その左側に窪
　んで見えるところが溜池の貯水部である。元の地形と考え合わせる
　と、この溜池は斜面を掘り下げて窪地を造って池にしたものである
　ように思える。

○堤防の外壁のほぼ中央部に、上から下へ色が変わった帯状の部分が見える。ここが決壊した部分で、修復したあとであろう。しかし決壊の規模は分からない。

写真102　溜池すぐ下の棚田の石積

○溜池のすぐ下の棚田は、手前が整然と整った石積の畔畔になっている。そして石積畔畔はここだけである。また、使用されている石は凝灰岩で、溜池築造時に掘り出された石とは思えない。

この付近には凝灰岩が豊富

写真103　かつての小作人の住宅

にあり、細工もしやすいのでこの凝灰岩を使用したものであろう。また石の形や大きさが整っているので、専門的な石工による石積である可能性もある。

○住宅が見える。この家はかつて小作人の方が住んでいたもので、藁葺の牛小屋と杉皮葺の住宅の2棟であるが、現在残っているのは、住宅の右隣に倉庫が1棟増築されて3棟になっている。そして住宅はトタン屋根に改築され、倉庫は瓦葺になっている。

当時電灯を使用した形跡はない。裏手に湧水があるので生活用水はこれでまかなえたと思われる。家の作りもしっかりしているので、腰を据えて農作業に専念していた様子がうかがえる。

ただ、日向神ダム建設に伴って、この住宅の住人には何回か入れ替わりがあったようで、その詳細については不明である。

○農道が見える。かつては人馬が通れるくらいの道幅であった。この

　農道は右下に下れば行き止まりになっている。左上方に上っていけばこの農道は栗原さんの住宅がある神ノ窟集落に続いている。

　開発当時は工事関係の資材は、この道を通って運ばれていた。特に重いものは牛に背負わせて運んでいた。栗原家には牛が２頭飼われていて、セメント運びにはもっぱら牛が使われた。家の近くにはセメントを一時保管しておく小屋が２棟あったというから、かなり多量のセメントが使用されたと思われる。

（２）写真 104 からわかること

○修復工事がほぼ終わりに近づいた時の写真である。人物の大きさと
　比較しながら、この溜池の規模をおおよそ推定することができる。
　山の斜面にこれだけの大きさの溜池を築くには、大量の土石が掘り
　出されたであろう。

写真 104　溜池改修工事の途中の風景

掘り出された土石がどう処理されたか、確実なことはわからないが、第1段目の棚田造成に使用されたのではないかと推測する。

○写真に見える人物は、子どもを除いて大人が20人くらいに見える。修復工事はこれくらいの人数で進められたものと思われる。また、よく見ると女性が約半数近く見える。この頃は日中戦争が始まった頃だというから、女性の労働力も大変貴重であったと栗原さんは述懐される。

この時分の1日当たりの日当は、男性が70〜80銭、女性が50銭ぐらいではなかったかということであった。

○人物の一番手前右端に背広姿の男性が見える。この人は栗原さんの義理の伯父さんに当たる栗原晨護さんである。この方は矢部の民謡「茶山歌」、その他民謡の名人で日本全国に名を知られた人である。名前を明確に特定できるのはこの方だけであった。

○左手の山の斜面に黒っぽく見える所は斜面を掘削したあとで、その手前に用具らしきものが見える。特別に変わった用具は見えないので、工事には普段使っている農具が使用されていたものと思われる。

○手前に見える水路が溜池への入水路（約500m）で、向こうに見えるのが余水の排水路である。この排水路は、柿のふるさと文化館裏近くまで延びているというから500〜600mはあると思われる。いずれもコンクリートでつくられているので、多量のセメントが使用されていることがわかる。

○堤防の内壁に沿って白く線状に見えるのが、棚田灌漑のための貯水の流出口の施設である。写真101との比較検討から、決壊したのはこの部分であろうと推定した。従って修復工事はこの部分に力を入れた工事であったと思われる。コンクリートでしっかり固めて再発防止を図ったということがうかがえる。

写真 105　溜池改修工事がほぼ完成したときの風景

（3）写真 105 からわかること

○修復工事がほぼ完了した時点の写真である。工事が一応完了したの
　で貯水を開始している。

○堤防の外壁は内壁より傾斜が緩やかである。元の山の斜面の傾斜そ
　のままであろう。土坂にはススキ、真茅などを植栽して、表土の流
　亡を防ぐように手を加えている。

○堤防の内壁は外壁の傾斜より急に見える。水圧への対応を考慮した
　ものであろう。

　この溜池の構造設計は、専門的な技手によるものかはわからない。

○写っている人物で白い衣服の子どもは栗原さんである。本人がそう
　言われるから間違いはない。まだ小学校入学前の幼少の頃の写真で
　あるから、5〜6 歳の頃ではないかと言われる。

　仮に 6 歳とすると、栗原さんの誕生が昭和 6 年であるから、この写
　真が撮影されたのは昭和 11 〜 12 年ということになる。3 枚の写真

資料で撮影の年代がほぼ確定できるのは、唯一この栗原さんの白い着衣姿だけである。

この事から堤防が決壊し、その修復工事が行われたのは昭和11年であるとした。栗原さんに手をかけている人物は、父親の団九郎さんではないかと思われる。その前の黒い上着の人物は、祖父の藤吉さんではないかと思われる。しかし、確実に特定できなかった。

○3枚の写真に写っている人物を見ていると、子ども連れが幾組も見える。これらは全く他家の人たちというより、親戚筋の人たちではないかと思われる。このことから、この修復工事には親戚、親族の方々からの大きな助力があったであろうことを推量できる。

（4）写真101、104、105のまとめとして

写真101、104、105までの読み取りを次の①〜⑥のようにまとめた。

①修復工事が行われたのは、昭和11〜12年にかけての冬期である。堤防の決壊は、溜池が完成してから2〜3年後であったと言われている。従って、溜池が築造されたのは昭和8〜9年頃である。

②牧曽根の溜池及び棚田が完成したのは、昭和7〜8年頃である。1日当たりどれくらいの労働力を動員できたかにもよるが、本格的に溜池を含む棚田の造成に取り掛かったのは、昭和初期であったと思われる。

③溜池は元の丘陵の斜面を堤防に当てるため、堤防になる部分の奥の部分を掘り下げて、窪地（池）を造る方式で築造された。

④修復工事では決壊箇所の修復だけでなく、堤防外壁基部の石積による補強、及び溜池背部の掘削による容積の拡大も同時に行われた。

⑤牧曽根丘陵開発において、当初から最終的な棚田の造成に至る一連の開発事業は栗原家主導のもとに行われたもので、祖父・藤吉より始まり、父・団九郎そして現当主・照幸に受け継がれてきた栗原家

　　３代にわたる大事業であった。なかでも、開発の基盤づくりからその推進における祖父・藤吉の熱意と指導力は特筆に値する。
⑥開発に係る労働力は、栗原家とその親族及び小作契約を含む雇用労働力によって進められ、また、開発工事に係る予算措置は栗原家が責任を持った。
　　但し、開発工事の最終段階における用水路整備や耕地整理等には、公的機関からの補助・援助があったものと思われるが、『矢部村誌』にある記載はごく簡単なもので、内容の詳細についてはわからない。親族の方の話では人夫賃の補助があったことは確かです、ということであった。

（５）３葉の写真は語る
　牧曽根棚田の歴史をたどる資料として３葉の写真を見せてもらった。この写真の画像から読み取れる事項については前項に示した。しかし、この写真を別の角度から眺めてみると、また別のことが見えてくる。
　第１に、これら３葉の写真の装丁である。普通のアルバム帳に貼ってあるのとは違い、３葉それぞれが別々に記念写真のような装丁になっていて、大切に保存されているという感じを受けた。写真台紙の片隅には、「筑後福島土橋・獨立軒・N.Shikada」というような写真館名が入っている。昭和10年頃、筑後福島の鹿田写真館に依頼して撮られた写真であることがわかる。
　第２に、人物に焦点を合わせた写真というより、人物を含めた周囲の状況まで、できるだけ広く撮ることを意図した写真になっていることである。溜池の周辺の景観、工事途中の溜池の状況、人物……などが一目でわかる。後世に残すための事業の記録としては、普通のスナップ写真とは違い、大変資料価値の高い写真になっている。
　第３に、この時の写真撮影は、こういうところをこういう角度で撮ってほしいという栗原家の指示によるものであろう。写真館の独自な判断

で撮影したものとは思えない。明らかに栗原家の意図が見える。

　このような事を感じたので栗原さんに尋ねてみた。

　「この写真は栗原家にとって大変大切な写真のように感じますが、栗原家にとってどんな意味を持った写真ですか」

　「2代目（藤吉さんのこと）、3代目（団九郎さんのこと）が家運をかけた大事業であったから大切に保存しているのです」

という答えであった。やはりそうであったか、確かに家運をかけた大事業であったと思われる。

　畑作とは違い、稲作にとっては水が命である。牧曽根の棚田は、かなり離れたところから水を引いてこなければならない。これだけでも容易な事ではない。その上、溜池づくりとなると、その苦労は大変なものであったろう。それに水路や溜池ができたからこれで安心というのでもない。水が順調に流れてくれるか、天候はどうか等々、常に気を配っていなければならない。このような心配事はあったとしても、稲作は順調に進んでいた。しかし、その矢先に、突如堤防の決壊という災害に見舞われたのである。この時栗原家が受けた衝撃は、言葉では表せない大きなものであったろう。

　堤防決壊というアクシデントはあったにせよ、牧曽根丘陵を開発し、棚田を造成した一連の開発事業は、栗原家にとって、歴史に残る大事業であったに違いない。栗原さんが「家運をかけた」と言われる言葉の深い意味がよくわかる。

　このような開発の経過をたどった牧曽根の棚田開発であったが、戦後の農地改革で他へ譲らなければならないことになった。このことについてその当時どう受け止められていたか栗原さんは何も語らなかった。しかし、ただ単なる法律論だけでは割り切れないものがあったのではないかと推察する。

　さて、この牧曽根開発で栗原さんの心の中に強く残っているのは、祖父藤吉さんのことではないかと受け止めた。栗原さんの印象に残ってい

る藤吉像を一口で表現すると、「意欲旺盛な開拓者であった」ということである。家の前の田圃を拓いたのも、少し離れた谷沿いに田圃を拓いたのも祖父である。近所の人たちは、「藤吉さんの顔は見たことがない」というもっぱらの評判であったという。それは、朝は暗いうちから、夕方は暗くなってからしか帰ってこないから、滅多に藤吉さんの顔を見る機会がなかったということであろう。毎日寝食を忘れたような働きぶりでありながらも、87歳という長寿を全うされた。藤吉さんは、やはり、明治人特有の気概を持った人物ではなかったろうか。

　団九郎さんは一生のうちに3度も応召され、働き盛りの年齢の頃はずっと戦地であった。従って、開発事業との直接的な関わりは薄かったかもしれない。しかも太平洋戦争末期には満州派遣、シベリア抑留という悲惨な運命を背負わされ、帰還されたのが昭和23年であった。抑留中身体を壊され、帰還後も暫く療養生活を余儀なくされた。だから、きつい仕事は無理であったかもしれないが、森林組合長として活躍されている。

　栗原さんの誕生から幼少の時分には、既に棚田は完成していたから、開発工事そのものに携わられたことはないだろう。しかし、牧曽根丘陵の開発については、祖父及び父親から聞き知っておられた。栗原さんの働きは村全体のことへの関与が多い。森林組合長として低迷する林業の再生、また村長として交流、生涯学習、福祉対策を柱とする村づくり及び村の活性化に大きな足跡を残され、村のリーダーとして活躍された方である。

鍋平の棚田

　福岡県で唯一、ブッポウソウの繁殖地となっている鍋平丘陵一帯、この鍋平丘陵の森に拓かれているのが鍋平の棚田である。この鍋平の森の麓に赤い鉄橋の西園橋がある。初夏を迎える頃、南の国からブッポウソウがこの赤い西園橋を目指して飛来し、鉄橋の隙間に巣をつくり、産卵し、子育てをする。なぜ西園橋を好むのか不思議であるが、大敵であるヘビの襲来を避けるためであろうというのが通説になっている。

　それよりも、ブッポウソウの餌になる昆虫、特にカナブン（コガネムシ）などの小型甲虫類が豊富にある鍋平の森一帯は、ブッポウソウの好む生活環境を十分に満たしているということであろう。子育てが終わる秋、彼岸花が咲くころになると、親子ともども再び南の国へ帰っていく。鳥の帰巣本能ということもあるかもしれないが、また次の年には忘れずに必ずこの赤い西園橋を目指して帰って来る。

　西園橋の橋袂から柏木川沿いに上流へ向かってしばらく行くと、「右古田」の標識が立っている。標識に従って急坂の林道をのぼると、右手に古田の集落があり、ここが標高350mである。古田を過ぎて谷沿いに、曲がりくねった林道を更に上ると蚪道の集落に着く。ここが標高500m

写真106　ブッポウソウ

写真107　赤い鉄橋・西園橋

である。鍋平の棚田は、この蚪道及び古田地区住民の共同によって造成
されたもので、いろいろ困難な条件を克服しながら完成された経緯を
もっている。

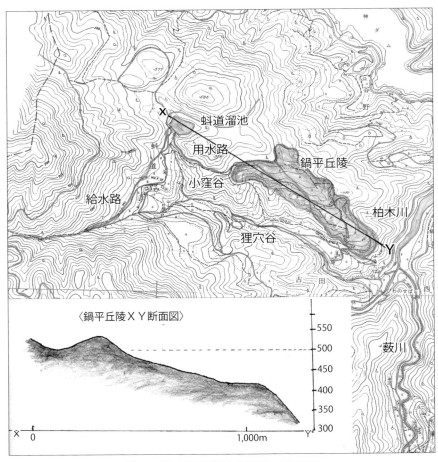

図11　鍋平丘陵付近の地形図　1/10,000

1　鍋平棚田の概要と現況

　鍋平の棚田開発では、椎窓猛氏の祖父である椎窓芳蔵の献身的な働き
に負うところが大きい。勿論、芳蔵一人で拓かれたものではないが、芳
蔵は矢部では初めて「八女郡矢部村古田地区耕地整理組合」を立ち上げ、
その組合長として終始組織を統括し、また主導して精力的に努力して完
成にこぎつけた功績を見落とすことは出来ない。

　幸いにして、この棚田造成事業について、当時の記録が椎窓猛氏の手
元に保管されていたので、この記録を参考にして鍋平丘陵に拓かれた棚
田調査に取り組んだ。

　取り組んではみたものの、鍋平の棚田がどこにあるかについては、矢
部の字図があるだけで、詳しい道順はわからなかった。字図ではおよそ
の位置はわかるが道順まではわからない。矢部の棚田を調べるとき、先
ず目的の棚田を発見するのに一苦労することが多い。蚪道の近くと教え
られたので、とにかく蚪道の集落まで行ってみた。だがそれらしい棚田
に出会うことはなかった。やっぱり普通に通う道からは見えないのだ。

写真 108　蚪道溜池

写真109　鍋平丘陵の棚田（全体の中間部のみ表す）

　そこで考えた。この棚田は、蚪道溜池からの灌漑による棚田であることを思い出し、溜池からの導水路をたどればその先に棚田はあるはずだと考え、そこから始めた。思った通り棚田にたどり着いた。着いてみれば何のことはない。棚田の下の古田集落から立派な道が通じている。この道を車でくれば楽々と往復できて、滑ったり、転んだりして苦労して導水路をたどることはなかったのである。

　しかしあとで考えると、この苦労は一石二鳥の調査であることに気付く。だから無駄ではなかったのである。というのは、いずれ棚田の調査と同時に、導水路の調査もしなければならないことになるからであった。

　矢部村誌に蚪道溜池の写真が掲載されている。水を満々と湛えている写真である。そんな考えをもっていたところ、実際に見る溜池は、底に少し水が溜まっているだけで、まさかと、その時は思ったが、時期が3月であったのでそのせいかなと。しかしよく見ると、溜池には外からの

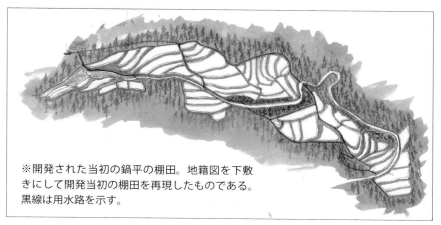

※開発された当初の鍋平の棚田。地籍図を下敷
きにして開発当初の棚田を再現したものである。
黒線は用水路を示す。

図12　開田された当初の全体想定図

給水路からどんどん水が流れこんでいる。ならば、いつも満水でよさそ
うに思えるが、そうでないということはこの溜池は漏水がひどいのでは
ないかと観た。が、そうではなかった。6月には満々と水を湛えていた。
　導水路をたどるときは、上野用水のように水路に沿った通路はなく、
もっぱら水路の中を歩いた。水路は全長コンクリート水路になっている
が、途中切り立った岩場があって、そこはコンクリート橋の形で水路が
構築されている。竹木の根によるひび割れ、土砂の崩落、イノシシの被
害などが見えるが、そういう所は直径20cmのパイプで繋いでいる。棚
田に達するまでの主水路は、幅40cm、深さ45cm、延長約1kmである。
以後は分枝して細くなり、棚田全体を潤すようになっている。急傾斜で、
皺のように入り組んだ山肌の水路開削は難工事であったに違いない。

　鍋平の丘陵は西北から南東にかけて細長く、農道から上は緩傾斜であ
るが、下部は傾斜が急になっている。表層はほとんど礫を含まない洪積
層であるので、畦畔は大部分が土坡畦畔になっている。
　開田当初は15町歩余りであった。この棚田全体が黄金色の稲穂であっ
たことを想像すると、山間の緑と素晴らしいコントラストをなして見事

な景観であったに違いない。しかし現在は、上空からの写真に見るように、黄緑に見える部分が稲作棚田で、濃緑色に見える部分は茶畑であるが、もとはれっきとした水田であった。

　また、写真に見る棚田は鍋平棚田の中間部で、左上奥及び右下部にも棚田は続いていた。しかし、この部分は他へ転用されたり、荒廃している部分が多い。地籍図を基に荒廃する前の棚田を再現したのが図12であるが、開田当初はこのような棚田像が描かれていたに違いない。国の農政に翻弄された水稲栽培への意欲の減退、後継者不足など僻地農村が抱える問題や、灌漑用水確保のための用水路管理に関する不安等、様々な問題が絡み合って荒廃しつつあるように思う。

　鍋平の棚田を祖先が残した遺産と思うと、これを荒廃に任せることはしのびない思いがする。先祖の遺産を無にしないで、将来に残す活用を抜本的に考える必要が、今の我々に課せられた課題ではないだろうか。

2　鍋平の棚田はどのように拓かれたか

　鍋平丘陵は日当たりがよく、地味肥沃であるので開田以前は畑地として利用されていた。蚺道、古田の人たちが主な耕作者で、麦、大豆、粟、キビ、蕎麦などの穀物やイモ類などが栽培され、ほぼ昭和初期頃まではそのまま畑地として耕作されていた。その当時の畑地の総面積が6町歩で、収穫高が麦77石、大豆44石であったという記録が残されている。畑地以外は雑木を主とする林地で、炭焼きが盛んに行われていた。

　この当時における、この丘陵から得られる粗生産高は、当時の金額にして約2,000円程度であったという。この地区における水田は、狸穴谷沿いに棚田が点在する程度で、米の生産高は低く、麦飯、粟飯、芋飯の日々であった。それだけに、米飯への願いには強いものがあったことがうかがえる。これは戦後、昭和25年のことであるが、当時の大蔵大臣であった池田勇人さんの「貧乏人は麦を食え」という発言が物議を醸したこと

があった。終戦後でもまだ日本人の食生活が、どの程度であったかをうかがい知ることができる。

　昭和初期と言えば、日本は太平洋戦争前夜に当たり、世は正に騒然とした不況の時代であった。この不況、貧困からの脱却が当時の国民的課題であり、まずは食糧増産、即ち、「土地を開発して水田を拓きお米の増産に励もう」ということが合言葉であった。この地区の人たちも当然その思いであったろう。

　だが、この地区での現実的な問題として、従前より米を増産するとなると新たに水田を開発する以外にない。しかし、狸穴谷筋の適地はすでに開発しつくされている。ならば、鍋平丘陵の畑地を水田に造り変える以外に道はなかったのである。近くに水源のない鍋平丘陵の畑を水田に変えるとするとき、最大の課題は水田を灌漑する水をどう確保したらよいかということである。日の出から日没まで遮るもののない日照とこの肥沃な土地を、もし水田にすることができたら、素晴らしい水田になるだろうと地区の人々は思っていたに違いない。灌漑水の確保さえ方策が立てば、鍋平丘陵に水田を拓くことは決して不可能なことではない。

　このことを単に空想としてではなく、現実的な問題として真剣に考えていた人が「椎窓芳蔵」で、蚪道の住人である。芳蔵が描いていた構想は、次のようなものであった。

　彼は自宅近くを流れている狸穴谷の小さな枝流、小窪谷に目をつけ、この谷水を何とかして利用できないものかと考える。「小窪谷は水量が少ないから、これだけでは棚田を灌漑するに十分ではない。幸いなことに、この谷の水源地付近が広い窪地になっているので、ここに溜池を築いて貯水し、鍋平まで水路を通すことができれば水問題は解消する。小窪溜池と鍋平丘陵との高度差は十分あるので、水路建設のことさえ何とかなれば、鍋平丘陵に棚田を拓くことは実現可能である」という構想であった。

　この構想を実現するには、３つの問題がある。

　第１の問題は、この事業は、個人の単独事業ではとても実現不可能であるということ。

　第２の問題は、溜池の築造、水路の建設、棚田の造成、農道の建設等に係る経費をどう調達するか。

　第３の問題は、この事業は、地区住民の生活の向上につながらねば意味をなさない、この点をどう解決したらよいか。

　これらの問題をクリアし、しかも当地区民の生活向上に直結するようにするには、やはり蚪道・古田地区民による共同事業によって実現することが必要であること。そして、予算面及び工事に係る技術的な事項については、公的な機関からの援助・助成を受けるようにしたい。芳蔵は自分の構想をこのように一応まとめた。この時、芳蔵に大きな影響を与えたのが、上野及び牧曽根の棚田開発の成功であった。

　しかし、芳蔵の考えは、上野や牧曽根の開発の取り組みより、もう一段幅の広い構想であった。というのは、棚田開発の規模が大きく、そのために矢部村は勿論、県、国の関与を含めた棚田開発を志向した構想であったからである。この芳蔵の構想に逸早く賛意を示したのが、後に組合副長を務めることになる堀下正記であった。

　以後、構想の実現に向けてこの２人が中心になり、地区全体の合意を得るための啓発活動が始まる。地区集会も数回持たれた。

　また一方、矢部村及び県当局への働きかけも精力的に行われ、やがて蚪道、古田地区住民全体の意思の集約にこぎつけることができた。村及び県からの助成を受けるためには、「法律」に示されている組合の設立が必要であり、またそれに対する県の認可を受けなければならない。

　そこで蚪道、古田地区住民35名の賛同のもとに「古田耕地整理組合」を立ち上げた。これが昭和８年10月である。そして早速県の認可を受けるべく、「耕地整理組合設立認可申請書」を矢部村村長田中穆の副申

を添えて提出し、無事県の認可を受けることができた。昭和9年1月、正式・公的に認められた組合としての「八女郡矢部村古田耕地整理組合」が発足し、鍋平丘陵における開田事業が進められていくことになった。

「古田耕地整理組合」の組織編成、組合規則の作成、開田計画及びそれに伴う予算編成に着手し、事前の計画作成を終えた。以下、「古田耕地整理組合設立認可申請書」の内容を要約して示し、これをもって鍋平丘陵の棚田開田の実際を具体的に示すことにする。

写真110　組合設立の認可申請書

（1）古田耕地整理組合の棚田開田計画
①組織編制
・組合長：椎窓芳蔵

・組合副長：堀下正記

・評議員：山浦高巳　樋口善六　石川亀松　堀下民蔵　堀下藤四郎

・県派遣農林技手：（前期）三重英雄　中村實

　　　　　　　　　（後期）高田俊雄　原野次郎

その他に、工事係、庶務係を決定して組織の確立を図った。開田計画や具体的な工事設計については、農業土木工事としての専門的な知識及び技術に明るい人物が要求されるので、県から派遣された前期、後期夫々2人の農林技手がこれに当たった

②予算編成

開田事業の当初予算として、総工費78,000円を計上した。このうち31,200円が県からの助成金、14,000円を日本勧業銀行から、年3分9厘、15ヵ年の年賦償還の条件で借り入れることにした。このほかに矢部村信用組合からの借入金、規則に則った組合員の出資金等の予算の裏付けを確実にして、棚田の開田事業が進められることになった。

③開田の目的

計画書には開田の目的を次のように示している。

「本地区ハ畑、山林ノ開墾及ビ地目変換ヲ行ヒ開田地ノ水源設備トシテ字小窪ニ溜池ヲ築造シ道路、水路、暗渠、堰等ノ新設ヲ行ヒ完全ナル良田トシ土地ノ農業上ノ利用ヲ増進スルニアリ」

開田の具体的な目標として、鍋平丘陵の工事対象区域16町3反のうち、15町2反を水田として開田し、残り1町1反を水路、道路の建設用地に当てることにした。

このことによって、米425石、麦215石を見込み、金額にして13,184円、開田前の6倍の生産高になる見通しをつけた。この開田事業の目的、目標を達成するために、この事業を4つの工事区分に分けて具体化している。即ち、棚田造成工事、棚田灌漑に係る溜池築造工事、水路建設工事、道路建設工事の4つの工事である。工事設計もこの区分ごとになされている。この工事区分ごとにその概要を次に示す。

（2）棚田造成工事（開田工事の基本方針）

「本地区は地勢大体において急峻なるをもって土工費の節減を計り、等高線に沿い幅3〜10間、長は地形に従い適宜の長方形とせり。然して、別紙計算書の通り切り盛りをなし、土坡及び石垣を以て施行せんとす」

棚田の造成は、計画の通り地形に応じた大小の棚田が造成され、そして畦畔は大部分土坡で築かれていて石垣の畦畔は少ない。開田面積〈15

町1反9畝2歩〉、これに対する予算として〈41,300円〉を計上した。その詳細は、切土、盛土、表土繰返、畦畔築造（土砂）、畦畔法面（石垣及土坡）、地盤搗固め、根開、雑費等各工程ごとに細かく見積もっている。

　これらの開田工事の実際について、地元の人で、かすかに昔を記憶している人の話を聞くと、大概の人が「しょうけ、鍬、もっこでの作業であったように思います」ということで、当時の厳しい人力作業であったことがうかがえる。計画書にはトロッコの使用が記されているので、土砂や石の運搬にはトロッコが使用されていたと思われるが、どんな場合にどのように使用されたかは分からない。

3　鍋平棚田の灌漑に係る工事

　水のない鍋平丘陵に、どのようにして水をもってくるか、これが最も頭を悩ます問題であったろう。

「用水源は、狸穴谷、小窪谷の二渓流に仰ぎ、なお小窪谷には溜池を築造して用水源となす」

　これが鍋平丘陵に水を持って来る基本方針である。即ち、溜池の築造はこの事業の要ともいえる。溜池が備えるべき条件はただ一つ、15町歩に及ぶ水田の稲の生育期間中、常時絶えることなく灌漑できる水量を保つことができるかどうかにある。従って、この工事には細心の注意を払って計画がなされ、工事が進められた。まず、溜池の設計に当たって事前に次の事項について調査及び検討がなされた。

・この2渓流の渇水期の流量とこの間の降雨量
・精農家の水田を借用しての単位用水量の測定

・非灌漑期間における貯水状況の判定

・溜池の灌漑能力（貯水量）の算定

・豪雨時の放水とその設備

・溜池に導水する狸穴谷からの水路の設計

・小窪谷及びその周辺の地質、地形

　このような溜池築造上の諸条件を調査・検討したうえで、溜池を含む灌漑施設の設計に当たったのである。

（1）灌漑施設関係予算

・溜池築造費：9,500 円

・導水路費：4,000 円

・堰堤築造費：110 円

・暗渠費：290 円

（2）溜池の規模・構造

・貯水量：9,806.3 立坪

・堤塘：長 19 間、高 39 尺 2 寸 1 分

・堤防天端：12 尺

・竪樋：10 間（内法　幅 1 尺、高 1 尺）

・底樋：30 間（内法　幅 2 尺、高 2 尺 5 寸）

・放水路長：40 間（内法　幅 6 〜 4 尺、深 2 尺）

（3）溜池の築造

　「溜池築造は設計書並びに別紙構造図に基づき、次に記載する事項を正確に測定し、工事中不動の測標を設くべし」

　として次の 12 の事項についてその要点を記載している。

・堤塘

・斜面地の盛土

・鋼土床掘

・床掘終了後の処置

・鋼土及び普通盛土に使用する土

・鋼土搗固

・盛土作業

・天端工事

・放水路工事

・底樋

・竪樋

・築堤盛土

（４）承水溝（狸穴谷から溜池に水を引くための水路）

・承水溝の集水面積及び地形、降雨日数、降雨量等を基に水路の断面（上
　幅、底幅、深さ）を算出

（５）導水路

　溜池より鍋平棚田への導水路は、開田地面積 10 町 5 反 5 畝 15 歩に対
し 12 時間灌漑として、これに要する全用水量により水路断面を算出し、
幅 1 尺、深さ 1 尺 5 寸の水路とした。

　漏水なく棚田へ効率よく送水しなければならない導水路は、溜池と一
心同体の役割を担う。灌漑に必要な単位時間当たりの流量をクッター公
式を用いて割り出し、水路の断面を算出した。前記のごとく幅 1 尺、深
さ 1 尺 5 寸、3 面コンクリート張りで可能とした。但し、この寸法は溜
池に直結する幹線水路で、先になるほど分枝するので水路は細くなる。

　水路は第 1 号水路から第 19 号水路まで小さく区分して設計され、全
長 2,863 間の長さになっている。特に幹線部分は急峻な斜面に曲がりく
ねって敷設されており、工事の苦労を実感する。水路建設以来 100 年近
くになるが、この間の地滑りや樹木の根の肥大、それに猪の被害も加

わって破損しているところもある。このような箇所は後年のパイプ修復によって機能回復がなされている。

4 道路建設工事

開田後の農作業を円滑に進めるには、取り付け道路の整備は不可欠である。この道路造りも水路造りと同様、第1号道路から第16号道路まで細かく区分して設計され、建設されている。建設された道路の総延長は1,940間である。

5 工事等に係る人件費（記録からわかる範囲で）

・役員報酬：日当1円20銭（工事後半には増加していると思われる）
・普通雇人：日当男1円、女70銭、後半は男2円20銭になっている
・石工：日当2円、後半には3円50銭になっている

6 鍋平丘陵における棚田造成工事の経過とその概要

昭和9年、古田耕地整理組合設立時点では、工事完了予定を昭和13年8月31日とした。但し、開墾助成指令なき場合は、指令後1カ月以内に着手し、着手後5年間で完了する計画をもっていた。

しかし、実際に工事に着工したのは昭和10年9月10日と遅れ、工事はなかなか当初の予定どおりには進まなかった。いろいろな困難事態に遭遇したことが考えられるが、特に工事が最終段階にさしかかる頃と、太平洋戦争が敗色濃厚になる時期とが重なり、工事続行は困難を極めたと思われる。

そこで、古田耕地整理組合としては工事変更の申請の必要に迫られ、この件について総会を開き、協議・決定し、正式に「開墾助成設計書

並各年度収支計算見込書変更願」を矢
部村村長田中穣の副申を添えて、福岡
県知事吉田茂宛に提出している。これ
が昭和18年10月18日のことである。
この時の変更申請書の「変更事由」を
読むと、鍋平丘陵の開田工事の経過
の概要をほぼ読み取ることができるの
で、これをそのまま記載するが、特に
この「変更事由書」で留意しなければ
ならないことは、太平洋戦争で若き尊
い命を落とした人が、矢部村だけで
270名の多きを数えている、というこ
とが言外に含まれていることを読み取
る必要がある。

写真111　工事変更願

　また、この開田工事が、太平洋戦争の前夜から戦中にかけての国難の
中、矢部村の小さな一集落の人たちが、山間の厳しい自然条件と苦闘し
ながら鍋平棚田を完成していった貴重な足跡を、この「設計変更事由書」
は物語っているので原文のまま引用したい。

　なお、この最後の総会と思われる時の出席組合員個々の氏名も念のた
め記載しておく。

　「本組合は昭和9年1月8日附3319号を以て耕地整理組合設立認可を
得。昭和10年9月9日附農林省令9農第2771号を以て開墾助成の承認
を得。同年9月20日工事を着手しその後溜池工事の一部並に導水路計
画の一部変更により設計書変更を出願、昭和13年2月21日附耕第390
号を以て認可を得。昭和13年3月31日附農林省指令13農第2052号を
以て変更の認可を得。更に地区の一部開田計画の変更の除斥編入により
設計書変更を出願、昭和16年7月7日附16附耕第236号を以て認可を

得。昭和16年6月25日附農林省指令16農政第5536号を以て開墾助成の変更認可を得。爾来、工事進捗中なるも大東亜戦争と共に人夫不足により本年8月31日迄に工事完成せざる為、2カ年工事期間を延長し、設計書の変更を為し、以て所期の目的を達せんとす」

7　「耕地整理設計書変更認可申請」のための総会

・総会の日時及び場所：昭和18年8月4日　椎窓芳蔵宅
・議長：椎窓芳蔵
・議案：設計変更書に関する件－事由書及びその具体的内容第1号～第9号
・総会出席者：堀下駒吉、堀下正記、椎窓芳蔵、堀下藤四郎、堀下民蔵、中島與三郎、堀下大藏、堀下虎五郎、堀下千代吉、堀下三代次、堀下眞澄、堀下末吉、石川虎吉、石川亀松、椎窓藤平、森喜市、椎窓斗市、石川宇市、石川仁蔵（外1名）、飛武初次郎、椎窓強、椎窓房次郎、飛武喜市、椎窓治人、山浦高巳、椎窓源次郎、飛武貞吉、山浦ヨシノ、椎窓三次、樋口ヨソノ、樋口喜六、山浦宗太郎

【古田耕地整理組合長　椎窓芳蔵について】

　鍋平棚田の開田事業において、この事業の組合長として、その責任を全うした椎窓芳蔵の存在とその働きは極めて重要な役割を担っていた。そこで、この調査を通して感じた芳蔵の人となりを最後に記しておきたい。

　昭和8年、耕地整理組合結成の動きから始まった鍋平丘陵に棚田を拓く開田の事業は、途中いくつかの問題事態に遭遇しながらもこれを乗り越えて、昭和20年8月30日をもって見事な棚田の完成をみた。この間十余年の長い歳月を要した。当時の時代相を考えると、これほどの大事業を長期間途中で挫折することなく、よくも継続実行されたものだと驚

嘆する。

　この事業は国、県、村からの公的助成を受けての事業であるという、引くに引けない客観的な事情はあったろう。そればかりではなかったのではないかという気がする。この事業は事務的な事業とは異なり、屋外での労働を主とする土木工事である。天候に左右されることも多かったであろう。途中にはいろいろな事故も発生した。その度にこの事業に対する不満、不平が噴出し、事業継続が危機的状況に陥ったことが何度かあったであろう。

　このような状況に出会うたびに、組織をまとめ、棚田の完成に向けて前進するように主導していったのが芳蔵ではなかったか。口先だけでは人は動かない。確固とした信念をもって身体全体で訴えて、人は初めて動く。芳蔵のそうした信念はどこから生まれたのであろう、この事を少し探ってみた。

　椎窓家のルーツは肥後の来民あたりらしい。江戸時代も終わりの頃、祖先は肥後から一山越えて矢部の蚪道に移り住んだ。蚪道山の麓一帯は雑木山で、ここからは御前岳、釈迦岳が一望できる素晴らしい景勝の地で、この景色に魅せられてここに居を構えた。そして周りの雑木を資源に炭焼きを生業とし、傍ら嶮しい山肌に田畑を拓いて糧を得ながら代々暮らしてきた。椎窓一族はここに移り住んで以来、一からの出発であったから、この地を開拓して生きるよりほかなかった。そういう一族の固い開拓意識によって代々苦闘してきたおかげで、芳蔵の時代にはかなりの資産をなしていたと言われる

　芳蔵の妻タケは来民の豪農の出で、育ちはおだやかでやさしく、そして先がよく見える賢明な女性であった。芳蔵の子や孫に学問への道を手助けしたのはタケであった。そして、芳蔵の妻として夫を支える大きな力ともなった。

　芳蔵は、この山間にじっと閉じこもって過ごすといったタイプの人ではなかった。折を見ては都会にも出かけ、文明の先端にも触れ、世の中

の動きをも敏感に感じ取って、開明的な知識を身につけていった。当時、蚪道からお伊勢参りなどめったに思い立つ者はなかったであろう。一生に一度はお伊勢参りをしたい、というのが芳蔵の念願であった。芳蔵はこれを果たした。こういう彼の性格を見ると、決断したらこれを必ず実行するという強い信念を持った人物であったように思える。

　この時分、近隣の百姓たちの多くは米を買って食べていたのだろうか。多分そういう時代であったろう。このような状況を見て、芳蔵の心中に芽生え、膨らんでいったのは「百姓である以上、よそから米を買って食べるようではいかん。百姓が食べる米は百姓自らが生産すべきである」という農に生きる百姓像であった。当時の食生活は、米粒の少し入った粟飯の毎日で、盆か正月に米のご飯を食べることが出来ればよい方であった。米への欲求や憧れはそれほど強かったのである。

　ところが、蚪道を見ると、蚪道では新たに水田を拓く余地はなかった。新たに水田を拓くとすれば、水源に恵まれない鍋平丘陵しかなかった。だが、この丘陵の畑を水田に変えることはそんなに単純ではない。入り組んだ土地所有権の問題をはじめ、水源のこと、導水路のこと、棚田の造成、道がかり、開発に要する経費、労働力の確保など複雑な問題が絡んでくる。

　しかし、芳蔵はこのことから逃げることなく、土地開発に関する法律の勉強にも熱心に取り組んだ。福岡県庁にも度々出向いて、助言を求め、指示を仰いだ。そしてやっと開発の目途をつけ、鍋平丘陵に棚田を拓く全体構想を作り上げたのである。そしてこの段階を経て当該地区の住民にこの構想を説明し、説得に努めたのであった。

　そもそも、鍋平丘陵に水田を拓こうという計画の発端は、椎窓芳蔵の発想から始まったものであると言っても過言ではない。どうしてそのような事を思い立ったか、その心中を推量してみたが、根本的には、芳蔵の生い立ちと、大正から昭和にかけての全国的な不況という社会情勢を

芳蔵自身が敏感に、そして主体的にこれを受け止めたことにあろう。

　世は恐慌の嵐に包まれ、紡績、製絲工場に出ていた女工たちが村に帰ってくる、農家も借金に喘いでいるという暗い時代であった。満足に米の飯も食えない、鍋平の畑でとれる粟ばかりの飯、ランプ暮らし、自動車が通る県道に出るのに8km余りの石ころ道を歩かねばならないという厳しい山間の生活、自分の身の回りの生活を見てもこうである。この頃芳蔵50歳代であったろうか。芳蔵はこの窮乏からどうしたら抜け出すことができるか、このことを自分の家のことだけでなく地域の問題として主体的に受け止め、真剣に考えていたに違いない。

　現在もなお健在で矢部在住の作家、椎窓猛（現90歳）はこの椎窓芳蔵の孫にあたる。芳蔵の家が本家であるので、小さい頃は親に連れられて毎年盆と正月には本家詣でが習わしになっていた。そんな時、芳蔵が口癖のようにいつも言っていたことが、いまだに耳に残っていると言う。

　「百姓であって米を買うようじゃいかん。盆と正月ぐらい『ギンメシ』ば食うごつなけりゃいかん。とにかくこの土地からものを創りだすというこつが一番大切なこつや」

　「ギンメシ」とは白御飯のことである。年中粟飯ばかりの生活ではいけない。早くギンメシをたくさん食べられるような生活にならなければならない、という強い願望の表れであろう。

　芳蔵にとってはギンメシが目標であり、思い描く理想の食生活であった。これは単なる口先だけの言葉ではなく、芳蔵の信念から出た言葉であると受け止めなければならない。そしてこの言葉がやがて芳蔵の行動となっていく。

　鍋平に畑を持つ芳蔵はこの畑に立つたびに、「ここに水田を拓くことができたらいい田んぼができるだろうなあ」といつも思っていただろう。畑に通う道すがら芳蔵の頭の中には、常に「水」という文字がちらつい

ていたであろう。そして、何とかしてここに水を引けないものかと。その時、自分の所有地である小窪の窪地がひょいと頭に浮かんだ。「あの窪地に溜池を造り、溜池から鍋平まで水路を築き、導水したらこの考えは実現できそうだ」と夢をふくらませたと思う。

即ち、「水」－「溜池」－「水路による導水」－「鍋平開田」と、今まで点であった「水」が線で結ばれたのである。

この時、芳蔵は一人で小躍りしたに違いない。こういう構想を温めていた時、上野丘陵の棚田開発、牧曽根丘陵の棚田開発と続き、一層この構想を膨らませていったと推測する。

芳蔵は、蚪道というひどい山間に暮らしながら、社会情勢の変化には鋭い洞察力を持っていて、当時施行されていた、農地開発に関する法律にもいささか知見を持っていた。この法律に則ってやれば鍋平丘陵の開田は実現可能である、と夢を一歩前進させた。

ただ、この法律の適用を受けるには、法律に示されている「耕地整理組合」の設立が必要であり、個人的な事業には適用されない。そこで芳蔵は集落の人たちに、この事業の必要性を説いて回ることになる。「この事業を完遂しなければ、この集落の生活向上は望めない」と説きながら集落の人たちの啓蒙に力を入れた。

しかし、この活動も容易には進まなかった。集落の人たちは最初は呆気にとられた。「窮乏打開」、「自営自立」といった言葉すら理解してもらうのに骨が折れた。不況の嵐が身近に吹き込んでも、それに対応して策を立てることなど毛頭なかったのである。耐え忍ぶことが何よりの得策と信じきっているのが、この山間の人たちの普通の考え方ではなかったろうか。よほど開明的な人でないと容易に受け入れることはできない。

忍耐強い説得によって、1人、2人と理解者が増えて理解の輪が広がり、組合設立にこぎつけることができた。芳蔵のゆるぎない信念と忍耐強い行動には感動するばかりである。

　昭和20年8月30日、奇しくも太平洋戦争終結と時を同じくして、鍋平棚田の開田事業は完了した。芳蔵にとってこの工事完了には万感の思いがあったろう。また古田、蚪道の人たちの暮らしも著しく向上した。10年余にわたる芳蔵の献身的な働きは、正に顕彰に値する。その功績は鍋平丘陵に刻まれた棚田が記念碑として、いつまでも後世に残るだろう。

　棚田は形として残るが、芳蔵の功績として形に現れないもう一つのものにも注目しておきたい。いつも口癖のように言っていたという「…その土地からものを創りだすということが一番大切なことや…」という言葉である。

　「創りだすもの」が物的なものであれ、文化的なものであれ、「創り出そうとする活力」がなければ「創りだす」ことは出来ない。このように芳蔵の言葉を受け止めるとき、芳蔵という人は、ものすごく活力旺盛な開明的な頭脳を持った人ではなかったかと改めて見直すことができる。そして、このような精神こそが、地方創生の根幹になるのではないかとも思う。

　昭和21年8月、芳蔵は71歳の生涯を閉じた。念願であった「ギンメシ」を、おなかいっぱい食べることができたであろうか。いや、ギンメシの一歩手前で生涯を終えたのではなかったろうかという気がしてならない。鍋平の棚田が完成し、いよいよ棚田の稲作が始まると、今度は灌漑用水の利用の仕方の問題が浮上してきた。いわゆる、どこにでも見られる我先にという水争いである。

　棚田完成後の稲作が順調に営まれていくには、まだまだいろいろな問題が生じたようである。そんな場合の調整役として、芳蔵の力に頼らなければならないような事態がたくさんあったのではないかと思う。そういうことを思いやってみると、せめて鍋平棚田の黄金色に輝く稲穂の群れをゆっくりと、じっくりと見届けた上で、念願の「ギンメシ」を心ゆ

くまで味わってほしかった。

　そして棚田完成の満足感、達成感を身をもって実感することができた生涯であってほしかった。この稿を終えるにあたって強く思ったことである。

写真112　蚪道山

第4章　矢部峡谷の棚田稲作と農耕儀礼

1　自然への畏敬

　東のはずれには、水分（みくまり）の山として信仰厚い御前岳、釈迦岳が聳え、西のはずれは、奇岩が屹立する神話の里、日向神峡である。矢部は昔から東西の神・仏で見守られてきた村である。八女津媛はこの神聖な山間に生まれた媛君であった。

　日本書紀に初めて登場する八女津媛を、或る人は邪馬台国の女王こそ八女津媛であると言い、邪馬台国の都は矢部であり、矢部は日本民族の発祥の地であるとまで言った。

　また、征西将軍宮懐良親王及び、後征西将軍宮良成親王が、矢部に拠点を築かれたのも、こうした聖地であったことに由来すると言った人もいた。神であり仏であり、そして天皇の御子である両親王が在した矢部、かつては原生の森におおわれていた峻嶮な山間の矢部の地を思い描くとき、限りなく古へのロマンを掻き立てるものがある。

　このような説話は架空の物語のようにも思えるが、後世に生きる者にとって、単なるお話として聞き流すのは少々軽率な感じもする。それはこのような説話は、人と自然との関係を暗示する内容を含んでおり、古の人々が願い事や祈りを叶える依り所にしていたものではないかと思われるからである。

　また八女津媛信仰にしても、現代の我々に対して、農耕の在り方と共に、古い祖先の人々の心の依り所への回帰を促すものではないかと思えるからでもある。

　縄文の昔、矢部の祖先は、森の中の岩陰や洞窟、あるいは粗末な掘立小屋に住みながら狩猟採集の生活をしていた。人々は森と共にあり、森

の一員として、生きとし生けるものすべての命を大切にしながら暮らしていた。ある時は自然の恵みに感謝し、またある時は自然の猛威におそれおののき、自然のあらゆる現象や事物に、ある神秘的な精霊が宿っているのではないかということを、身をもって感じ取っていたに違いない。

　こういう原始的な生活から、自然崇拝の心は芽生えていった。ある聖なるものへの崇拝、つまり農耕儀礼としての祭りという観念は、このような自然と人間との関係から自然発生的に形成されていったものと思われる。

　やがて、焼畑農耕の時代に移っていく。矢部では昭和40年頃まで焼畑が盛んに行われていたというから、いかに焼畑（畑作）に依存していたかが伺える。雑木を伐り、野焼きをし、蕎麦、大豆、小豆、野稲、里芋、蒟蒻、粟……等を輪作していた。時代が下がると、傾斜の急な山地には蕎麦の後に杉などを植え、杉が成長するまでの間、里芋や野稲、豆類等を作付けしていた。傾斜が緩い山地には段畑を築いて畑作を行っていた。

　野焼きをした後、最初に作付けするのは大概蕎麦であった。良く焼けた所の蕎麦は大変良く育ち実りも多いが、そうでない所の蕎麦は育ちが大変悪い。焼け方にむらがあると、蕎麦の育ちに大きな差が生じることを、野焼きを通して体得した。草木や土性を焼き尽くしながらも再び生命を蘇らせる火の力、火を食物生産の手段とするようになると、新たに火の霊的な力を認識するようになった。そして、野焼きに入る前には、必ず火の神にお神酒を捧げるようになった。

　矢部の畑作で最も貴重にされた作物は、里芋、野稲、蕎麦であった。このことを象徴したものであろうか、次のような2つの伝承がある。

　1つは「黒いで・白いで」で、もう1つは「高原の赤めし・中村の米は白し」である。「黒いで・白いで」は里芋のことを言ったもので、皮をむいた里芋は白、皮をむかない里芋は黒を表す。「いで」は「ゆがく」ことで、「ゆがく」がなまって「いがく」とか「いでる」というようになったものである。だから、皮をむいた里芋とむかない里芋をゆがいて三宝

に盛り、神に供えたことを表したものであろう。

　一方の「赤めし」の「赤」は「火」の色を表したものであろう。小豆は赤色をしているから、米（白）に小豆を混ぜて炊いた「小豆ごはん」、つまり「赤飯」のことであろう。畑作の収穫物である「里芋・野稲の米・小豆」を、「黒いで・白いで」及び「赤飯」として神に供えていたのではないかと思われる。この供え物は、ごく最近まで行われていた。これは、昔から伝承されてきた畑作農耕儀礼の一つの形を表すものではないかと思われる。

　農耕儀礼と少し離れるが、野焼きと矢部のお茶の関係に触れておきたい。雑木を伐って野焼きをした後には、必ずといっていいほど茶の木が芽を出したという。この野生の茶の木を移植して茶園を造り、製茶するようになったのが「矢部茶」の起こりである。神窟で製茶業を営む栗原吉平製茶店の創業は、野生の茶の木から茶園を造ったことから始まったという。製茶店の庭には、野生の茶の木を移植して育てて150年以上に

写真113　樹齢150年の野生の茶の木

なるという記念の茶の木が大切に育てられている。150年以上の伝統を誇る栗原製茶は、平成30年には「国産紅茶博覧会IN東京」で見事最高賞の「紅茶王」に輝いた。矢部の風土に育まれた旨味を、うまく発酵させることに成功した結果であろう。

　水田稲作の時代になると、それまでの畑作農耕で培った知恵を生かして、厳しい自然条件に立ち向かいながら棚田造成に励んだ。稲の生育環境としては不利な条件にある矢部峡谷の棚田では、米の収穫は満足のいくものではなかった。矢部の田植え歌はこのことをよく表しているように思う。

　ハァー　腰の痛さよ　せまちの長さ
　四月　五月の日の長さよー
　ハァー　サンバイ　サンバイ

「サンバイ」とは稲霊のことで、稲霊への祈りを込めた呼びかけであろう。矢部の稲作農民の切なる願いが聞こえてくるようである。だからこそ、豊かな実りを得るにはどうしたらよいか、このことに大変苦心してきた。このような苦心は、実労働と共に内面的には願いや祈りとして意識されるようになった。米を主食とするようになると、この思いはより鮮明になり、更に村人共通の思い、即ち「豊かな実りをみんなで祈ろう」というように高まっていった。そしてその祈りの対象を八女津媛に求めていったのである。

　このような村人の願いに応えるように、度々矢部を訪れていた法師や山伏たちは、村人に稲作についての色々な呪術や祈祷を伝授していたであろうと推測される。このような期間がしばらく続いたであろう。そのうちに村人全員で執り行う祈りの形が、次第に出来上がっていったものと思われる。それが舞という形で完成した奉納芸能としての「浮立（ふりゅう）」で

あったと推定する。では「浮立」とはどのような芸能（舞）なのか、八女津媛神社の縁起と共に紹介してみたい。

2　八女津媛神社

　日本書紀に登場する八女津媛は、古来より矢部の守り神として崇められてきた。八女津媛を祀る神社の創建は古く、奈良時代の養老 3 年(719)であり、天正 10 年（1582）に再興され、明治 6 年郷社に列せられた。皇紀 2600 年（1940）の記念の年に、地元神窟出身で、旧満州で活躍されていた栗原治平氏の寄進 10,000 円（昭和 14 年当時の金額）により、鳥居や参道など神域一帯の整備が行われた。その後神殿の老朽化や災害による倒壊があって、昭和 61 年に氏子一同の寄進 800 万円によって神殿が再建され、この時同時に、八女津媛モニュメントが建立されて現在に至っている。

　神社付近は凝灰岩の断崖になっており、断崖の狭間に社殿は建立されている恰好になっている。社殿のすぐ横には巨大な洞窟（幅 33m、奥行き 9 m、高さ 8 m）があり、周囲はカシ、シイ、ケヤキ、ツツジ、シャ

写真 114　八女津媛神社

写真115　神田

クナゲなどの老木に囲まれている。また、境内には樹齢700年、樹高40mに垂んとする3本の権現杉が聳え下界を見守っていて、神域一帯は世間から隔絶された感があり、非日常的な空間を形づくっていて、神域にふさわしい雰囲気を漂わせている。

岩壁の隙間からは、清水が湧き出ていて小さな池がある。この池は以前は水田であった。いわゆる神田であったのだろう。近くに「神田」という字名の地がある。今は細い流れに沿って石垣を残すのみになっているが、かつては神に供えるお米が作られていた。

神社の近くには窟に因んだ字名の地があるので、神社を取り囲む一帯は神社領であった可能性が強い。おそらく神課（神家）の人たちによって、神社と共に管理されていたのではないかと思われる。

巨大な洞窟がある境内は、阿蘇修験道の記録にあるように、修験道の道場であった。修験道では、その信仰の対象に洞窟信仰があったと言われている。洞窟を母の胎内と見立てて、母親の胎内から仏性を備えた新しい人間として生まれ出ようとする修行である。また一方、御前岳や釈迦岳は水源の山としての山岳信仰の山であり、そのための修行の場であった。

このように見てくると、矢部の地は峻嶮な山間の村ではあるが、修験道に関わる法師や山伏たちがかなり頻繁に訪れ、矢部の住民たちと接触しつつ、村人にいろいろな影響を与えていたことが伺える。八女津媛神社浮立は、このような法師や山伏たちと村人とが一体となって作り上げた、農耕儀礼の一つの形として出来上がったものであろう。それが、八

女津媛に捧げる奉納芸能と
して受け継がれてきたもの
である。

　以前、浮立は毎年行われて
いたと言われるが、戦時中一
時中断し、その後5年おきに
秋に行われるようになった。
またこの浮立は全国的にも特
異な芸能として評価され、昭
和51年には福岡県無形民俗
文化財に指定され、昭和58
年には第29回九州地区民俗
芸能大会に福岡県代表として
出演の栄誉に浴している。で
は、農耕儀礼として演じられ

写真116　権現杉と紅葉に生える境内

る浮立とはどのような芸能かを、「八女津媛神社浮立記録・矢部村教育
委員会編・2000」を基に、その概要を紹介したい。

　但し、演技を文章で表現することは困難であるので、農耕儀礼として
要点と思われることのみを記すことにする。

3　浮立

①浮立演技の配役と人数構成

・猿面（2）　・御幣持ち（1）　・笹持ち（7）　・真法師（1）

・大太鼓打ち（2組2）　・大太鼓担い（2組4）　・鉦打ち（2）

・小太鼓打ち（2）　・連（2）　・笛吹き（10）　・親鉦（1）

・太鼓後見（1）・七福神（7）　・囃子方（数十人）

写真 117　道案内をする猿面

写真 118　道囃子

②浮立の演技は八女津媛神社への道囃子から始まる

　夫々の衣装に着飾った氏子たちが、神課（神家）に集まり、道囃子の演奏に合わせて舞いながら、八女津媛神社へ進んで行く。浮立は道囃子から始まる。道囃子の行列の中ほどに大太鼓（神輿）が坐すので、その前を進む囃子方はお尻を神輿に向けないように、後ろ向きになって舞いながら前に進む。

　従って、道囃子の速さは大変ゆっくり進むことになる。衣装を着け楽に合わせて進む道行きの光景は見事なもので、壮観である。感動的である。やがて神社に到着すると、境内に敷き延べられた蓆敷きの演舞場に入り、夫々の役に応じた位置に付き、神前での浮立本番の体系を整える。

③神前での浮立の演技は真法師の開始の口上から始まる

　真法師は浮立の総指揮者である。法師の衣装を身に纏った真法師は、左手に5色のテープで飾った雨傘を持ち、右手には唐団扇をかざしながら演技し、口上を声高らかに謡う。

・5色のテープをつけた雨傘は雷神（雨の神）、仏（権現）の招来と
　感謝を表す。

・唐団扇は卍、太陽、月への五穀豊穣、国家安穏の祈りを表す。

写真119　蓆敷きの演舞場で演技開始を待つ

写真120　真法師の口上

・真法師の口上の文言は次の通り

「東西、東西、御鎮まり候え、御鎮まり候え。ここにまかり出ました
る者は、江州比叡山の麓に住居をなす真法師にて候。天下泰平、国家安
穏の御代の時、弓は袋に太刀は箱に納めましたはなんとめでたい世では。
左様ございますれば、五穀豊穣、御願成就として氏子中の子どもに笹を
かたげさせ、面白からぬ浮立をザアーっとうたせます。ソウソウ浮立を
始めい、はじめい」

　※浮立を演ずることを「打つ」と言う。打楽の演奏が主であるからだ
ろう。

　④大太鼓打ちが八女津媛を招来し、氏子全員による喜びの舞

　真法師の口上が終わると大太鼓が打ち鳴らされ、ひよこ囃子の演奏が
始まる。大太鼓の上には座布団が敷かれており、そこに御幣が立てられ
ている。大太鼓の担い棒は神社の鰹魚木で、大太鼓の仕組み全体は神輿
を表すものである。また、シャグマを被り太刀を背負った大太鼓打ちは、
神の化身である。

　大太鼓打ちが打ち鳴らす太鼓の音に感応して、八女津媛が御幣を依代に降臨され座につかれる。これから神を迎えて、ひよこ囃子の演奏に合わせ、真法師、打ち子、囃子方等氏子全員による賑やかな感謝の舞が演じられる。この時囃子方は立ったまま演技する。

⑤打ち子（鉦打ち、小太鼓打ち、連）の舞
鉦　打　ち：黒頭巾に白鉢巻き、墨染めの法衣は僧の姿である。鉦を打ちながら仏様、権現様と共に喜びの舞をその場で演じる。

小太鼓打ち：シャグマを被った姿は神の姿である。首から吊るした小太鼓を持ちながら神も共に喜びの舞を演じる。

連（むらじ）：筒袖にもんぺ姿、白足袋に草鞋履き、花笠を被った姿は村人たちの長である。村人たちを代表して擦鉦を鳴らしながら喜びを神にささげる。

⑥大太鼓打ちの謡の舞
　笛、太鼓、鉦、擦鉦による賑やかなひよこ囃子の舞が終わると、大太鼓打ち（神）による謡の演技に移る。この謡の演技は、大太鼓打ち（神）

写真121　大太鼓を打って八女津媛を招来する

写真122　打ち子の舞（中央）

が打ち子の間を謡いながら巡る演技で、氏子たちが奉納してくれた浮立の舞に対して、神がこれを喜んでいることを謡によって表すものである。謡は二番あって、その謡は次の通りである。この間、まくり囃子の演奏に合わせて舞は演じられる。

　　一番：「御吉野の、千本の花の種として、嵐山新たなる神遊びこそめ
　　　　　　でたき、神遊びこそめでたき」
　　二番：「老いせずや、薬もなおのきくの酒、盃に浮かびて共に会うぞ
　　　　　　嬉しき、また共に会うぞ嬉しき」

⑦大太鼓（神輿）と大太鼓打ち "神" が来る年の豊作を約束する舞
・大太鼓打ちの謡の舞が終わると、わたし囃子の演奏に代わる。囃子
　方は座って演技する。
・わたし囃子の演奏に乗り、真法師の先導によって大太鼓（神輿）が、
　大太鼓打ちを伴って打ち子の周りを1周する。これは、神輿が村人
　の間を巡りながら、来る年の五穀豊穣を約束して回ることを表すも
　のである。
　この時の回り方が、神ならではの回り方である。決して円形のよう
　な回り方はしない。即ち、打ち子の周りを進むのだが、長方形のへ
　んに沿って直進する進み方をする。だから角々では直角に曲がる。
　また、スーッと1周するのでなく、各辺の中央付近（小太鼓の位置）
　で停止し、ここで大太鼓打ちが来る年の幸せと、五穀豊穣の約束をす
　る独特の舞を演じる。この舞は1周する間に4回演じることになる。
・この間、囃子方は座り、唐団扇の柄で地面を軽くつつきながら神様
　からの約束を謹んで受ける。
・大太鼓が1周して元の位置に戻ると、浮立全体の演技は終わる。但し、
　大太鼓は2組あるので、2番目の大太鼓が元に戻ったところで最終
　になる。

⑧笛吹き

　羽織、袴、白足袋、下駄履き姿の礼装をする。横笛を金銀紙で飾り10人程度で演奏する。演奏する曲目は浮立の各場面にふさわしい曲になるが、浮立の進行順に、道囃子、ひよこ囃子、まくり囃子、わたし囃子と4曲を演奏する。

⑨浮立保存会会長栗原久助氏の挨拶（令和元年11月）

　令和元年は、八女津媛神社創建から1300年の記念の年にあたります。今年の浮立は、1300年の長い歴史を踏まえた浮立公開でありました。内外から多数の御参観をいただきありがたく感謝申し上げます。この浮立をこれまで継続することが出来ましたのは、祖先の方々の浮立に対する熱い思いと尽力の賜物であります。この祖先の方々に深く敬意を表しますと共に、これからも祖先の精神が生き続ける証としてこれを受け継ぎ、浮立を舞い続けていきたいと思っております。

　ただ氏子たちの減少で多少支障を感じるところもありますが、多くの方々のご理解とご支援をいただきながら、浮立の保存、継承に努めていきたいと思っています。ご支援の程よろしくお願い申し上げます。

写真123　笛吹きの様子

⑩浮立全体のまとめとして

　浮立を1つの演劇に例えるならば、農耕儀礼の演劇として次のようにまとめることが出来よう。

　　第1幕：浮立の正装をした氏子たちが、笛、太鼓、鉦、擦鉦による道
　　　　　　囃子の演奏に合わせて踊りながら、神家から八女津媛神社
　　　　　　へ感謝の気持ちを捧げに行く道囃子の舞
　　第2幕：境内の蓆敷きの舞台に勢ぞろいした氏子たちが、真法師の指
　　　　　　揮のもとに、大太鼓によって八女津媛を招来し、ひよこ囃
　　　　　　子の演奏に合わせて、唐団扇を振りながら賑やかに喜びと
　　　　　　感謝の気持ちを八女津媛に捧げる舞
　　第3幕：大太鼓打ち（八女津媛）が大太鼓の撥を肩に担ぎ、謡を謡い
　　　　　　ながら打ち子（神、仏、氏子）の間を巡り、浮立の舞を有
　　　　　　難く受け止めたことを表す舞
　　第4幕：八女津媛が村人の間を巡りながら、来る年の村人たちの幸せ
　　　　　　と五穀豊穣を約束する舞

　境内の蓆敷きの舞台で演じられる浮立を見ていると、古い昔に誘い込まれるような錯覚に陥る。浮立の演技の中には、昔の村人たちの農耕の姿を彷彿とさせるものがあり、稲作への願いや祈りと共に浮き立つような喜びを垣間見ることが出来る。機械も、肥料も、農薬もなかった昔、村人たちはひたすら自然に順応して生きていくよりほかなかったであろう。浮立の中には神・仏が登場するが、神は自然であり、自然は神であった。稲には稲霊が宿ると信じていた。だから稲の豊作を稲霊に祈った。これはあくまでも村人と、自然との共生の思想を表すものであり、昔の人たちは自然と共に生きてきたのであった。
　現代はどうであろうか。この共生の思想は次第に薄れつつあるのではないだろうか。開発という名のもとに進められる自然破壊がその最たる

ものであろう。地球温暖化然り、そして質より量を求めて進む風潮が行き着く先には人類の破滅が待っているだろう。確かな自然あっての人間であるならば、自然との共生の思想はもっともっと強調されなければならない。浮立の舞は、現代に生きる我々にとって、このことを教えているように思う。

　浮立は、平安朝末期、修験道を修した法師たちによって伝授されたものであると伝えられる。修験道そのものが神仏混淆の宗教であるから、浮立の演技も神仏混淆の演技の色合いが強く表れている。しかしこのことは、浮立の無形民俗文化財としての価値を左右するものではない。いつまでも原形のまま継承されていくところに、伝統文化としての意義がある。

　このように見てくると、農耕に対する村人たちの願いや祈りを奉納芸能として作り上げられた浮立は、実に素晴らしい芸能である。法師たちの熱心な伝授と、これを受容した村人たちの真剣さ、切実さが一体となって形作られた結果であろう。ただ、ここで見落としてはならないことが1つある。それは法師たちの伝授にいち早く共感し、これをしっかりと受け止めた主要な村人が、何人かいたのではないかということである。

　そして、この人たちによって広く村人たちを啓蒙し、その意義や演技を浸透させていったからこそ、浮立は出来上がったものと思われる。この重要な役割を担った人たちを、その後神課（神家）と呼ぶようになる。

　浮立7戸の神課というのは、浮立が形作られる初期に重要な役割を担った7人の人たちを言ったものではないかと推測する。浮立保存会会長を長く務められた栗原敏彰氏は、このことについて、「7戸の神課は今の集落で言えば、神窟、竹ノ払、飛、土井間、石川内、中村、大園の7つの集落夫々の世話役（代表者）7戸がこれに当たり、いずれの人たちも栗原氏であった」と言われる。

　すると、浮立発祥から今日まで、浮立伝承を継続し支えてきたのは、栗原氏系統の人たちの強い結束があってのことではなかったかと思う。

民俗芸能成立の要素として、郷土史家の筑紫豊氏は『福岡県の民俗芸能』（西日本文化協会編）』の中で宗教性、共同性、芸術性、娯楽性、歴史性の5つを上げているが、浮立は7戸の神課を中心とし、村人全体が一体となって演じる共同性によって成り立っている芸能であると言えよう。過去集落が賑わっていた時代には、氏子全員総出の150人規模で演じられていたこともあって、福岡県内最大規模の民俗芸能であったと伝えている。浮立によって村人たちの結束がより強固になり、またこのことによって共同体としての機能が維持されてきた。

　これまで浮立に関する事業一切を取り仕切ってきたのは、八女津媛神社の地元、神窟、竹ノ払、石川内、土井間、飛、等三区（行政区）の神課を中心として組織された「浮立保存会」である。保存会はこの伝承活動の意義や内容について、広く一般市民の理解を得るために、そしてまたこの伝承活動を永く継承していく象徴として「浮立館」を建設した。館内には浮立演技の録画やパネルの展示等を通して、何時でも、誰でも、自由に見学できるようにしている。浮立の保存、継承に対する並々ならぬ熱意を感じさせる。

　過疎化が進む矢部村では、村人が苦労して築いた棚田が少しずつ荒廃しつつあり、また浮立の継続に支障を来す面もある。しかし、現在矢部小中学校の児童生徒によって浮立が受け継がれ、毎年11月の矢部祭りの際に、児童生徒による浮立が公開されている。神課の人たちによる指導援助と学校教育とが一体となって、矢部の貴重な民俗芸能浮立を保存、継承していく取り組みである。人口が減少していくと、どうしても意気消沈しがちになりやすいが、未来を担う子どもたちの力によって、浮立を埋没させないで常に顕在化し、棚田の保存及び村の活性化に一役果たしてくれることを願っている。

写真 124　浮立館

写真 125　道囃子を指揮する真法師

4　八女津媛誕生秘話

　高天原を天馬に乗ってお発ちになった主神・瓊瓊杵尊（に に ぎのみこと）一行が、奥八女の上空にさしかかられた時、眼下に奇岩が屹立する峡谷に目がとまり、いたく感動され、ここに降臨されました。地上に降り立ってみると、いよいよお気に召され、この地に留まるべく寝殿をお造りになりました。この地は絶景の上に一日中天照大神を拝することができ、太陽の陽をとってこの地を「日向神の里」と名づけられました。

　瓊瓊杵尊一行は、この地を治めていた大山津見神から親しく歓待され、度々歓迎の宴が催されました。この宴会の中に一際目を引く美しい媛君がおられました。大山津見神の娘・木花開耶媛（このはなさく や ひめ）です。瓊瓊杵尊は一目で見初められ、父君の許しを得て、この際よい機会だと思われ、新しく出来た寝殿で一緒に暮らそうと媛君をお誘いになりました。木花開耶媛も瓊瓊杵尊を深く尊敬されていたので、素直に瓊瓊杵尊の申し出を受け入れられました。こうして日向神の里の寝殿でのお二人の新しい生活が始まったのです。

　日向神の里でのお二人の日々は、仲睦まじいもので、毎日が夢のように過ぎていきました。そのうちに、木花開耶姫はめでたく懐妊され、3人の御子を出産されました。彦火火出見命、火明命、火蘭降命で、各々容姿・お顔美麗で、御安躰でありました。

　3人の御子を出産された木花開耶姫は、3人の御子と共に新しく築かれた寝殿にお移りになりました。木花開耶姫と3人の御子、そしてお世話をする神々がお過ごしになる寝殿一帯を、日向神の里の陽に対し月の陰をとって、「月足の里」と呼ぶことになりました。

　3人の御子はすくすくと成長され、月足の里は活気あふれる賑やかな里になっていきました。ところが、神様の世のしきたりによって、3人の御子のうち彦火火出見命と火蘭降命のお二人は日向の国に飛遷されることになりましたので、月足の里は一時期寂しくなりました。しかし、

お残りになった火明命の成長に希望をつなぎ、みんなで力を合わせて月足の里を盛り上げていきました。

　火明命はやがて聡明な立派な成人に成長されました。そこで、月足の里の人々は、火明命の妻にふさわしい、里一番の美しい女性・月足姫を選び、火明命に申し出ました。火明命は里のみんなの善意を有難くお受けになり、ここに火明命と月足姫の固い契が結ばれ、里をあげての喜びに沸きました。お二人とも仲睦まじく、里の皆に支えられながら月日がたっていきました。やがて、月足姫が懐妊され、無事美しい姫の誕生を迎えることができました。里人の喜びはより一層大きくなりました。

　お生まれになった姫君は、お生まれになったその時から、何か不思議な、そしてめでたい前兆を思わせる奇瑞のある御子でした。里人の希望を一身に担ってお生まれになり、里人はこの御子に対する希望を大きく膨らませることになりました。

　そこでこの姫君を何と呼んだらいいか、祖母にあたる木花開耶姫、父君の火明命をはじめ、月足の里の皆で一生懸命考えました。木花開耶姫、火明命お二人のこの御子にかける思いは、『神の血を引く御子であるから、この地に暮らす人々が健康で、仲良く、平和に暮らせるように導いてくれる姫になってほしい』という願いでした。里の皆の願いも同じです。岩壁がそそりたつ日向神岩の麓、月足の里で誕生された姫君であるから、きっと力強く、深い愛情と先見の明をもって導いてくださるように祈りを込め、知恵を絞って御名前を考えました。

　「岩壁がそそりたつ日向神岩」を象徴する字句として、まず、「山津」が浮かびました。「山」は岩峰を意味します。「津」は港を意味するだけでなく、岩壁や嶮しい崖をも意味します。それで「ヤマツヒメ・山津媛」としたらどうだろうかということになりました。

　しかしこれをよく考えてみると、「山津」はあまりにも男性的で、後に続く「媛」とのつり合いが取れない。そこで更に熟考を重ねました。すると、「山」は発音次第では「ヤメ」と読んでもおかしくない。だから、

「山」を「ヤメ」と読んで『ヤメツヒメ』と読む。そして「山」のかわりに、「八女」の字句を当てる。

　すると、末広がりの「八」と女性を表す「女」となって、「媛」との前後関係もすっきりし、めでたいお名前になりはしないかと里人の衆議は決まりました。そして、この事を早速火明命に奏上しました。命は里人の真剣な取り組みに大変感謝され、喜んでこの御子のお名前を受け入れられ、自らも『八女津媛』と呼ぶことを約されました。ここに初めて、実質としての『八女津媛』が誕生したのであります。

　以後、八女津媛は木花開耶姫、火明命そして月足の里の人々の暖かい傅育によって、天性の神性の女神へと成長され、月足の里に近い矢部を治め、更に八女の県一帯を治められる媛君へと成長されていかれます。月足の里には今に至るも、瓊瓊杵尊、木花開耶姫、火明命の三ご神体を祭神とした日向神神社が祀られ地元の氏神様として信仰されています。

写真126　杣の里渓流公園より八女の人々を見守る八女津媛

　一方、八女津媛は矢部村神ノ窟に「八女津媛神社」が建立され、毎年媛への感謝のお祭りを執り行っています。

　※ここで、「八女」及び「八女津」の語源について補説しておきたい。「八女津媛の語源と八女邪馬台国について」（樋口正博元中学校校長・郷土史家）の研究論文の中で、氏はこのことについて、次のように述べている。

　「古代日本人の発音は今のように51音はなく、発音は今日と違い未分化であった。例えば Ma、Mi、Mu、Me、Mo の発音ははっきり分化しておらず、混同して用いられていたという事です」

　従って、ヤマ（山）とヤメ（八女）もはっきり分化されておらず、「ヤマツ」と発音されたり、「ヤメツ」と発音されたりして、混同（混用）されていたものと思われる。現在でもこの地方では、「山に行くぞ」と言う時、「やめいくぞ」という言葉をよく使うことがある。

おわりに

　平成28年（2016）8月より始め、4年近く歳月を要した矢部峡谷の棚田調査であった。初めは矢部峡谷の棚田がどこにあるか、その場所の発見から始めなければならなかった。森に囲まれて見事な棚田が存在していることに安心し、感動さえ覚えたものであった。

　単独による踏査であったから、どうしても主観的になり、客観性、詳細さに欠けるところが多かったように思う。後で振り返ってみると、大切な所を見落としたりして、同じ棚田に何回も足を運んだことがしばしばであった。時間的なロス、調査の観点の不統一など、いろいろな点で反省しなければならないことがたくさんある。このようなことは、経験を重ねることによってカバーするよりほかにないと思い、これからの調査に活かしていきたい。

　一つの棚田に出会った時、その見事さ、美しい景観に見とれて、これを細かく分析的に考察しようとする冷静さを欠いてしまい、どうしても全体感想的に陥りやすくなり、記述が感想文になりがちであった。

　矢部峡谷の棚田は今回取り上げた棚田の他に、それぞれに特徴と歴史を秘めた規模の小さな棚田が数多く点在している。規模としては小さいながらもそこで生活し、生きていくために営々として耕作し続けている棚田を目にすると、どうしても心を動かされる。これまで比較的規模の大きな棚田を対象にしてきたが、これから迫迫に拓かれた小さな規模の棚田にも注目し、そしてそこに息づく人々の暮らしのありさまを出来るだけ克明に記録してみたいと思っている。

　今回の調査では、矢部村の民俗芸能「浮立」がどのようにして形成されたかを、過去に遡って探ってみようとしたものであった。そしてそれは矢部の村人たちが山肌に棚田を拓き、矢部の自然と調和しながら、

営々と棚田稲作に励むその営みの中から生まれた芸能であるということ
を理解することが出来た。といっても、まだまだ見落としている部分が
あるかも知れない。これも今後の課題としてさらに深めていきたいが、
もう一つ大切なことは、この調査の結果を学校教育にどう生かすかにつ
いて、具体化（教材化）していかなければならない問題が残されている
ということである。

　既に、教育界から退いた身分であるから、直接学校教育に介入するこ
とは出来ないが、何らかの支援を組織して役立て、貢献していきたいと
考えている。幸い矢部小中学校の児童生徒が、現在もなお浮立を継続し、
伝承活動を実践している。

　この浮立について、形だけの内容でなく、もっと浮立の本質的な部分
についての理解を深めることに貢献することが出来たらと思っている。
浮立保存会及び、一般の村人たちを含む組織的な学校支援態勢を作るこ
とによってこのことは可能であり、また地域一体となって学校教育支援
態勢の実現に寄与しなければならないと考える。

　このためには棚田の問題だけでなく、地域社会の他の事象を含めた総
合的な地域教材づくりが必要で、こういう地域に密着した教育こそ僻地
校としての矢部の学校教育が、一層活性化していく道につながるものと
思っている。

　今回の棚田調査において、色々教えていただいた方々は次の通りであ
る。心から厚くお礼申し上げたい。

【ご協力いただいた方々】

栗原一郎・とし子さん

江田鉄秋・マサ子さん

江田正信さん

江田嘉珠穂さん

栗原幸雄さん

栗原英子さん

原島隆雄さん

新原壽二さん

田島冨士雄さん

江田輝雄さん

若杉泰雄さん

若杉信嘉さん

郷原敏さん

山浦光雄・チサさん

大渕謙市さん

井手口良四郎さん

岳親雄・チトセ・景一さん

佐藤三郎・ミツヨ・恵梨子さん

佐藤信人・チエコさん

栗原久助さん

栗原照幸さん

椎窓猛・陽子さん

栗原敏彰さん（神ノ窟）

栗原敏彰さん（田出尾）

仁田原石義さん

若杉幸一郎さん

石川久利・洋介さん

中司博子さん

栗原照久さん

栗原福見さん

（順不同）

【引用・参考文献】

○資料提供等をいただいた方々にお礼申し上げる。

・柚のふるさと文化館—松尾重根、山中洋一、栗原浩暢、山口久幸、他スタッフの方々

・五条元滋氏には南北朝争乱について特にご指導をいただいた

・八女市役所矢部支所—江田秀博前所長、木田博憲所長、他職員の方々

・図書館等—八女市立図書館、菊池市立図書館、鹿北町立図書館、前津江公民館、日田淡窓図書館、阿蘇町立図書館、山鹿市立図書館、うきは市浮羽歴史民俗資料館

・宝理信也　「古代の森の写真」提供

・株式会社 MTM 前田峰徹　「棚田写真」撮影

市町村史—矢部村、黒木町、星野村、鹿北村、中津江村、前津江村、八女市、筑後市、菊池市

柳川今福穏師晨夕　『日向神案内助辨』（1764　光源寺）

椎窓芳蔵（組合長）　『古田耕地整理組合設立申請書』（1934　古田耕地整理組合）

椎窓芳蔵（組合長）　『開墾助成設計書並各年度収支計算見込書変更願』（1943　古田耕地整理組合）

宮本常一　『日本民衆史〈1〉　開拓の歴史』（1963　未来社）

宮本常一　『日本民衆史〈2〉　山に生きる人びと』（1964　未来社）

山崎不二夫　『水田ものがたり—縄文時代から現代まで』（1966　農山漁村文化協会）

宮本常一　『日本民衆史〈4〉　村のなりたち』（1966　未来社）

古島敏雄　『土地に刻まれた歴史』（1967　岩波書店）

八女郡郷土史研究会編　『教育資料としての福岡県八女郡是』（1977　歴史図書社）

坪井洋文　『イモと日本人』（1979　未来社）

坂井藤雄　『征西将軍懐良親王の生涯』（1981　葦書房）

松本恒平　『鯛生金山史』（1989　佐伯印刷）

柳田国男　『柳田国男全集　第一巻』（1989　筑摩書房）

柳田国男　『柳田国男全集　第二巻』（1989　筑摩書房）

柳田国男　『柳田国男全集　第十巻』（1990　筑摩書房）

富山和子　『日本の米　環境と文化はかく作られた』（1993　中央公論社）

中島峰広　『日本の棚田　保全への取組み』（1999　古今書院）

堤克彦　『菊校の郷土史譚』（2002　菊池高等学校郷土史譚）

星野村　『星野村の棚田「星野村民俗文化財棚田調査報告書」』（2004　星野村
教育委員会）

石井理津子　『棚田はエライ　棚田おもしろ体験ブック』（2005　農山漁村文
化協会）

椎窓猛　『若杉繁喜追悼録』（2008　東兄弟印刷）

中島峰広　『ニッポンの棚田（棚田学会 10 周年記念誌）』（2009　棚田学会事務局）

富山和子　『水と緑と土　伝統を捨てた社会の行方』（2010　中央公論新社）

恒遠俊輔　『修験道文化考　今こそ学びたい共存のための知恵』（2012　花乱社）

棚田学会編　『棚田学入門』（2014　勁草書房）

坪井洋文　『稲を選んだ日本人』（2014　未来社）

吉村豊雄　『棚田の歴史』（2014　農山漁村文化協会）

久保昭男　『物語る「棚田のむら」』（2015　農山漁村文化協会）

椎窓猛　『青嵐点描』（2015　書肆侃侃房）

三浦俊明　『筑後川』（2015　うきは市）

椎窓猛　『奥八女山峡物語』（2017　書肆侃侃房）

歴史学研究会　『日本歴史年表　第 5 版』（2017　岩波書店）

石井理津子　『千年の田んぼ（国境の島に、古代の謎を追いかけて）』（2018
旬報社）

柳田国男　『柳田国男　ささやかなる昔』（2019　平凡社）

棚田学会　『棚田学会誌「日本の原風景・棚田」第 3 号（'02）・5 号（'04）・
14 号（'13）』

田村善次郎　TEM 研究所『棚田の謎』（農山漁村文化協会）

樋口正博　『八女津媛の語源と八女邪馬台国について』

樋口正博　『八女に残る古事記の世界』

〈著者プロフィール〉

牛島　頼三郎（うしじま　らいざぶろう）

1936 年　福岡県八女市黒木町生まれ
1958 年　福岡学芸大学中学課程卒業
1994 年　中学校長を最後に退職

退職後、無農薬稲作農業に挑戦しながら全国ホタル研究会員としてホタル保護
活動を続けてきた。この間矢部村教育委員、世界子ども愛樹祭コンクールコス
モネット理事等歴任。

棚田学会の一員として、現在、矢部村の棚田の調査研究に取り組みながら、荒
廃しつつある棚田復活に取り組んでいる。

奥八女　矢部峡谷の棚田考

初版　2020 年 9 月 20 日発行

著　者　牛島頼三郎

発行者　田村明美

発行所　㈱梓書院
〒 812-0044 福岡市博多区千代 3-2-1
tel 092-643-7075　fax 092-643-7095

印刷・製本／大同印刷